機械系 教科書シリーズ 20

熱 機 関 工 学

工学博士 **越智 敏明**
工学博士 **老固 潔一** 共著
博士(工学) **吉本 隆光**

コロナ社

機械系 教科書シリーズ編集委員会

編集委員長	木本　恭司	（元大阪府立工業高等専門学校・工学博士）
幹　　　事	平井　三友	（大阪府立工業高等専門学校・博士（工学））
編集委員	青木　　繁	（東京都立産業技術高等専門学校・工学博士）
（五十音順）	阪部　俊也	（奈良工業高等専門学校・工学博士）
	丸茂　榮佑	（明石工業高等専門学校・工学博士）

（所属は初版第 1 刷発行当時）

刊行のことば

　大学・高専の機械系のカリキュラムは，時代の変化に伴い以前とはずいぶん変わってきました。

　一番大きな理由は，機械工学がその裾野を他分野に広げていく中で境界領域に属する学問分野が急速に進展してきたという事情にあります。例えば，電子技術，情報技術，各種センサ類を組み込んだ自動工作機械，ロボットなど，この間のめざましい発展が現在の機械工学の基盤の一つになっています。また，エネルギー・資源の開発とともに，省エネルギーの徹底化が緊急の課題となっています。最近では新たに地球環境保全の問題が大きくクローズアップされ，機械工学もこれを従来にも増して精神的支柱にしなければならない時代になってきました。

　このように学ぶべき内容が増えているにもかかわらず，他方では「ゆとりある教育」が叫ばれ，高専のみならず大学においても卒業までに修得すべき単位数が減ってきているのが現状です。

　私は1968年に高専に赴任し，現在まで三十数年間教育現場に携わってまいりました。当初に比べて最近では機械工学を専攻しようとする学生の目的意識と力がじつにさまざまであることを痛感しております。こうした事情は，大学をはじめとする高等教育機関においても共通するのではないかと思います。

　修得すべき内容が増える一方で単位数の削減と多様化する学生に対応できるように，「機械系教科書シリーズ」を以下の編集方針のもとで発刊することに致しました。

1. 機械工学の現分野を広く網羅し，シリーズの書目を現行のカリキュラムに則った構成にする。
2. 各書目においては基礎的な事項を精選し，図・表などを多用し，わかり

やすい教科書作りを心がける。
3. 執筆者は現場の先生方を中心とし，演習問題には詳しい解答を付け自習も可能なように配慮する。

現場の先生方を中心とした手作りの教科書として，本シリーズを高専はもとより，大学，短大，専門学校などで機械工学を志す方々に広くご活用いただけることを願っています。

最後になりましたが，本シリーズの企画段階からご協力いただいた，平井三友 幹事，阪部俊也，丸茂榮佑，青木繁の各委員および執筆を快く引き受けていただいた各執筆者の方々に心から感謝の意を表します。

2000年1月

編集委員長　木本　恭司

まえがき

　熱機関は燃料の発生する熱エネルギーを機械的仕事に変換する機械で，日常用いられている自動車のガソリン機関は熱機関の一つである。ジェームス・ワットによって発明された蒸気機関により石炭の持つエネルギーを機械的な仕事に変換することができるようになり，熱機関は産業に革命的な変化をもたらした。陸上，水上の交通も蒸気機関を用いて飛躍的に発達した。続いて，内燃機関と同時期に実用化された蒸気タービンが蒸気機関に代わって用いられ，蒸気タービンによって大形船舶，大火力発電所の建設が可能になった。また，内燃機関を用いる自動車や航空機も発明された。

　さらに，第二次世界大戦後はガスタービンとジェットエンジンが発達し，原子力発電が実用化された。同時に従来からあった蒸気原動機，内燃機関の性能と耐久性は格段に向上した。蒸気機関は熱効率が数％であったが，現代の蒸気原動所では40％を超えるようになり，さらにガスタービンと蒸気プラントの複合発電プラントでは50％を超え，60％台も可能になってきている。

　現在用いられている熱機関にはボイラ，タービンを含む蒸気原動機，ガソリン機関，ディーゼル機関，ガスタービンを含む内燃機関，原子力発電がある。また，熱機関の規模は1 kWに満たない小形ガソリン機関から火力発電所，原子力発電所の1 000 MW級のものまで広範囲にわたる。

　本書では現在ほとんど用いられなくなった蒸気機関を除き，上述の熱機関すべてを扱っている。熱機関を製作するためには熱，流体，材料，振動，機構，制御などを総合した知識が必要であるが，その理解の基本になるのは熱力学の基礎知識である。本書においては，読者は熱力学の初歩を学んだものとして説明しているが，各種の熱機関のサイクルについては説明を加えた。また，熱力学の教科書では扱われない場合が多い燃焼の基礎を *2* 章で述べた。

まえがき

　本書は限られたページ数で内容が多岐にわたるので，基本的な事柄を重視し，ボイラ，蒸気タービン，内燃機関，原子力発電の各種形式，動作および構造について必要事項を平易に記述したが，最近の進歩に対しても理解できるように努めた。また，自習できるように章末の演習問題についてはできるだけ詳しい解答例を巻末に載せた。

　本書は2〜5章および11章を老固が，1章および6〜8章と10章を越智が，9章および12章を吉本が分担執筆した。

　蒸気原動機および内燃機関の著書は名著がたくさん出版されている。本書の執筆にはこれらの著書および論文を多数参考にした。参考にさせていただいた著書を巻末に掲げ，著者に深く感謝する。

　また，蒸気タービンの章（5章）では須恵技術士事務所所長 須恵元彦博士（元川崎重工業（株）原動機事業部部長）に，ディーゼル機関の章（9章）では川崎重工業（株）技術研究所 徳永佳郎氏に，ガスタービンの章（11章）では川崎重工業（株）ガスタービンカンパニー 木村武清部長と川崎重工業（株）技術研究所 山下誠二氏に，原子力発電の章（12章）では関西電力（株）原子力事業本部 尾崎正毅氏に有益なご教示をいただくとともに貴重な資料を提供していただいた。これらの方々に心からお礼を申し上げる。

　おわりに，本書の出版にあたって終始多大のご援助をしていただいたコロナ社の方々に厚く感謝の意を表する。

2006年8月

著　　者

目　　　　次

1. 序　　　論

1.1 熱機関の概要 ……………………………………………………………… *1*
1.2 熱機関の分類と特徴 ………………………………………………………… *2*
1.3 熱機関の歴史 ………………………………………………………………… *4*
1.4 熱機関の適合性 ……………………………………………………………… *5*

2. 燃焼と燃料

2.1 燃焼の基礎 …………………………………………………………………… *7*
　2.1.1 総括反応式（化学量論式） ……………………………………………… *7*
　2.1.2 燃料の発熱量 ……………………………………………………………… *8*
　2.1.3 燃焼に必要な空気量 ……………………………………………………… *9*
　2.1.4 燃焼ガス量 ………………………………………………………………… *11*
2.2 燃料の種類と性質 …………………………………………………………… *12*
　2.2.1 気体燃料 …………………………………………………………………… *13*
　2.2.2 液体燃料 …………………………………………………………………… *15*
　2.2.3 固体燃料 …………………………………………………………………… *17*
演習問題 ……………………………………………………………………………… *20*

3. 蒸気サイクル

3.1 蒸気のエクセルギー ………………………………………………………… *21*
3.2 ランキンサイクル …………………………………………………………… *22*
　3.2.1 ランキンサイクルとその構成要素 ……………………………………… *22*
　3.2.2 ランキンサイクルの熱計算 ……………………………………………… *24*

3.3 熱効率改善の方法 …………………………………………… 26
  3.3.1 飽和ランキンサイクルと効率改善の方向 ……………… 26
  3.3.2 再熱サイクル ……………………………………………… 28
  3.3.3 再生サイクル ……………………………………………… 30
演習問題 ……………………………………………………………… 32

4. ボイラ

4.1 ボイラの分類と構造 …………………………………………… 34
  4.1.1 丸ボイラ …………………………………………………… 35
  4.1.2 水管ボイラ ………………………………………………… 37
  4.1.3 水管ボイラの構造 ………………………………………… 39
4.2 ボイラの性能 …………………………………………………… 43
  4.2.1 ボイラの規模と能力 ……………………………………… 43
  4.2.2 ボイラ効率と各種損失 …………………………………… 45
演習問題 ……………………………………………………………… 48

5. 蒸気タービン

5.1 蒸気タービンの概要 …………………………………………… 49
5.2 蒸気タービンの作動原理と熱・流体力学的性質 …………… 52
  5.2.1 蒸気タービンの作動原理と速度三角形，線図仕事 …… 52
  5.2.2 翼内のエネルギー変換 …………………………………… 55
  5.2.3 蒸気タービンの効率 ……………………………………… 58
5.3 蒸気タービンの構造 …………………………………………… 62
  5.3.1 蒸気タービンの構造 ……………………………………… 62
  5.3.2 火力発電用大容量蒸気タービンの例 …………………… 65
演習問題 ……………………………………………………………… 67

6. 内燃機関の概要

6.1 内燃機関の構造と作動原理 …………………………………… 69
6.2 内燃機関の分類 ………………………………………………… 71

	6.2.1	点火方式による分類 ………………………………………	71
	6.2.2	使用燃料による分類 …………………………………………	72
	6.2.3	サイクルによる分類 …………………………………………	72
	6.2.4	冷却方式による分類 …………………………………………	74
	6.2.5	シリンダの配置による分類 ………………………………………	74
6.3	内燃機関の基本サイクル ………………………………………………		75
	6.3.1	オットーサイクル …………………………………………………	76
	6.3.2	ディーゼルサイクル ………………………………………………	78
	6.3.3	サバテサイクル ……………………………………………………	79
6.4	内燃機関の実際のサイクル ……………………………………………		80
演習問題 ………………………………………………………………………			82

7. 内燃機関の吸気と排気

7.1	4サイクル機関の吸気と排気 …………………………………………		83
	7.1.1	体積効率と充填効率 …………………………………………	83
	7.1.2	動 弁 機 構 ………………………………………………………	84
	7.1.3	弁の開閉時期 ………………………………………………………	87
7.2	2サイクル機関の吸気と排気 …………………………………………		88
7.3	過　　　　給 …………………………………………………………………		91
演習問題 ………………………………………………………………………			93

8. ガソリン機関

8.1	ガソリン機関の燃焼 ………………………………………………………		94
	8.1.1	ガソリン機関の燃焼過程 …………………………………………	94
	8.1.2	点 火 時 期 ………………………………………………………	95
	8.1.3	異 常 燃 焼 ………………………………………………………	96
	8.1.4	オクタン価 …………………………………………………………	97
8.2	燃料供給装置 …………………………………………………………………		97
	8.2.1	気 化 器 ……………………………………………………………	98
	8.2.2	燃料噴射装置 ………………………………………………………	99

8.3　点火装置 …………………………………………………… 101
8.4　点火プラグ ………………………………………………… 102
8.5　ガソリン機関の燃焼室 …………………………………… 104
8.6　ガソリン機関が排出する有害ガス成分 ………………… 105
演習問題 ………………………………………………………… 106

9.　ディーゼル機関

9.1　ディーゼル機関の作動原理と燃焼過程 ………………… 107
　9.1.1　作動原理 ……………………………………………… 107
　9.1.2　燃焼過程 ……………………………………………… 110
　9.1.3　ガソリン機関とディーゼル機関の比較 …………… 111
9.2　燃料噴射装置 ……………………………………………… 112
　9.2.1　噴射ポンプ …………………………………………… 112
　9.2.2　燃料噴射弁 …………………………………………… 113
9.3　燃焼室 ……………………………………………………… 114
9.4　ディーゼルノックとその対策 …………………………… 116
9.5　環境対策 …………………………………………………… 117
演習問題 ………………………………………………………… 118

10.　内燃機関の性能と計測

10.1　図示出力と図示平均有効圧力 ………………………… 119
10.2　正味出力と正味平均有効圧力 ………………………… 121
10.3　熱効率と燃料消費率 …………………………………… 122
10.4　熱勘定 …………………………………………………… 123
10.5　出力の測定 ……………………………………………… 124
10.6　軸出力の修正 …………………………………………… 126
10.7　指圧計 …………………………………………………… 126
演習問題 ………………………………………………………… 127

11. ガスタービン

- 11.1 ガスタービンの構成と構造 ……………………………… 130
- 11.2 ガスタービンのサイクル（ブレイトンサイクル） ……… 134
- 11.3 ガスタービンと蒸気プラントとの複合化 ………………… 137
  - 11.3.1 ガスタービンによる熱併給発電 …………………… 137
  - 11.3.2 ガスタービンと蒸気プラントの複合発電 ………… 139
  - 11.3.3 複合発電プラントのエクセルギー解析 …………… 141
- 11.4 ジェットエンジン …………………………………………… 144
- 演習問題 …………………………………………………………… 146

12. 原子力発電

- 12.1 核分裂 ………………………………………………………… 147
- 12.2 原子炉の構成 ………………………………………………… 148
- 12.3 原子炉の分類 ………………………………………………… 150
- 12.4 動力用原子炉 ………………………………………………… 150
- 12.5 高速増殖炉 …………………………………………………… 152
- 12.6 ウランの濃縮 ………………………………………………… 153
- 12.7 使用済燃料の再処理 ………………………………………… 154
- 12.8 原子炉の安全確保と事故事例 ……………………………… 155
- 演習問題 …………………………………………………………… 156

付録 …………………………………………………………………… 157

- 付1 熱に関するSIの基本単位と換算表 ……………………… 157
  - 付1.1 SIの基本単位 …………………………………………… 157
  - 付1.2 10^n の単位のSI接頭語 ……………………………… 157
  - 付1.3 ギリシャ文字 …………………………………………… 157
  - 付1.4 力, 熱量（仕事）, 動力, 圧力 ………………………… 158
- 付2 蒸気 h-s 線図（モリエ線図） ………………………… 159

付3　飽和蒸気表と過熱蒸気表 ……………………………………… *160*
　付3.1　温度基準飽和蒸気表 …………………………………… *160*
　付3.2　圧力基準飽和蒸気表 …………………………………… *162*
　付3.3　圧縮水と過熱蒸気の表 ………………………………… *164*

引用・参考文献 ………………………………………………… *170*

演習問題解答 …………………………………………………… *171*

索　　　引 ……………………………………………………… *188*

1

序　　　論

　熱機関を利用することによって，われわれは自然界で得られる熱エネルギーを機械的仕事に変換して生活に役立てている。現在いろいろな熱機関が働いているが，本章では熱機関の概要を説明したあと，熱機関を分類してそれぞれの特徴を述べ，また，その発達の歴史についても言及する。

1.1 熱機関の概要

　熱エネルギーを連続して機械的エネルギーに変換する機械を**熱機関**（heat engine）という。熱エネルギーは燃料の燃焼によって得る場合が多いが，原子力エネルギーや太陽エネルギーなど他の熱エネルギーを利用してもよい。熱エネルギーを機械的エネルギーに変換するためには媒介流体が必要で，これを**作動流体**（working fluid）あるいは作業流体という。作動流体を圧縮した後，加熱し，圧力と温度が上昇したのち膨張させて機械的仕事を得る。これを連続して行うのが熱機関である。連続して行うためには，膨張後の作動流体を冷却して圧縮前の状態に戻す，すなわち，**サイクル**（cycle）を完成させる必要がある。このときの作動流体の圧力 p と比体積 v の変化をグラフに表すと図 *1.1* のように閉曲線になる。サイクル中における作動流体の加熱量を Q_1，冷却熱量を Q_2 とすると，熱力学の第1法則から得られる仕事 L はその差 $Q_1 - Q_2$ となる。

　上に述べたように，熱機関では作動流体を圧縮，加熱，膨張，冷却する必要があるので，図 *1.2* のような部分によって構成される。例えば，蒸気原動機では圧縮部が給水ポンプ，加熱部がボイラ，膨張部が蒸気タービン，冷却部が

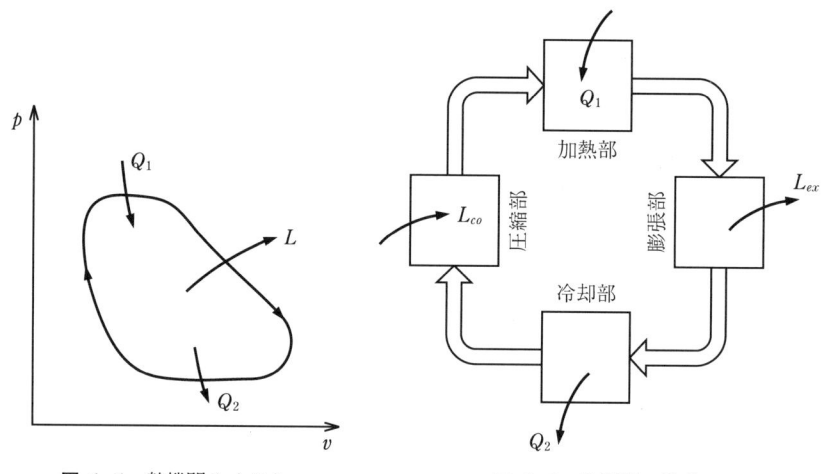

図 1.1 熱機関サイクル　　　図 1.2 熱機関の構成

復水器である。一方，ガソリン機関の場合には圧縮，加熱，膨張がシリンダ内で行われ，冷却は高温の作動流体と低温の作動流体の交換という形で行われる。

機械的仕事に注目すると，サイクルで得られる仕事 L は膨張仕事 L_{ex} から圧縮仕事 L_{co} を差し引いた値となる。作動流体が水または水蒸気である蒸気原動機では，膨張時の水蒸気に比べて体積がきわめて小さい水を圧縮するので，圧縮仕事は膨張仕事に比べて無視できる程度に小さい。一方，圧縮時の流体が気体（空気）であるガスタービンでは圧縮仕事は得られる仕事の相当の割合を占めるほど大きい。

1.2 熱機関の分類と特徴

熱機関を大きく分類すると作動流体に熱を伝える方式により，**内燃機関**（internal combustion engine）と**外燃機関**（external combustion engine）に分けられる。内燃機関は本来「内部燃焼機関」という意味で，シリンダ内の作動流体中で燃料が燃焼して作動流体が膨張するのであるが，膨張部とは別個の燃焼室を備えるガスタービンも作動流体中で燃料を燃焼させるのは同じである

ので内燃機関に属するように分類される。内燃機関では作動流体は燃焼ガスとなるので，循環使用されることはなく，膨張して仕事をした後は大気中に放出される。

これに対して，外燃機関では作動流体は伝熱壁を隔てた燃焼ガスから熱伝達によって加熱される。加熱された作動流体は膨張して仕事をした後，冷却，圧縮され，循環して使用することができる。外燃機関の代表的なものは蒸気原動機である。外燃機関の燃料は循環する作動流体の外で燃焼するので，固体燃料，液体燃料など種々の形態の燃料を用いることができる。

また，内燃機関，外燃機関ともに高温，高圧の作動流体が持つ熱エネルギーを機械的エネルギーに変換する方法として，作動流体の圧力によってピストンを押す**容積形機関**と作動流体の持つエネルギーを速度エネルギーに変換してタービン翼を回転させる**速度形機関**がある。これらのことから，熱機関を分類すると，図 *1.3* のようになる。

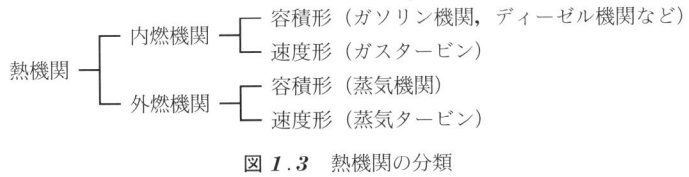

図 *1.3* 熱機関の分類

「内燃機関」は本来の意味では**ガスタービン**を含むが，狭い意味では容積形内燃機関を指す場合が多く，本書でも *6* 〜 *10* 章の「内燃機関」は容積形内燃機関を扱い，ガスタービンは *11* 章で扱う。

前述のように，容積形内燃機関は作動流体の圧縮，加熱，膨張をシリンダの中で行い，冷却は作動流体の交換で代用しているので，構造が簡単で軽量にでき，自動車，鉄道，航空機などの交通機関のエンジンとしてよく用いられる。また，温度の高い燃焼ガスを作動流体とするので，熱効率が高い。しかし，燃焼が間欠的であることや，ピストンが往復運動することなどにより，速度形内燃機関に比べて回転速度は小さく，エンジン1台当りの出力（単位出力）には限界がある上，騒音や振動が大きい欠点がある。

速度形内燃機関としてはガスタービンがある。ガスタービンの燃焼は連続的でピストンのような往復運動を行う部分はなく，出力は羽根車の回転によって得られるので，高速回転で運転され，大出力が得られる。タービンの羽根に沿って高温の燃焼ガスが通過するので，材料の耐熱性により，ガス温度が制限される。しかしながら，耐熱材料の開発とともに，作動流体の温度が上がり，熱効率は向上している。航空機用のジェットエンジンはガスタービン機関であるが，タービン仕事が少なく，直結された圧縮機の駆動に要する動力を得るだけで，燃焼ガスの速度エネルギーの大部分は推力として利用される。

容積形外燃機関には作動流体として水，蒸気を用いるいわゆる蒸気機関がある。蒸気機関は単位出力が小さく，熱効率も良くないが，構造が簡単で，製作も容易なので，熱機関の発達における初期の主役であった。

蒸気タービンは速度形外燃機関で，蒸気は膨張しながらタービン羽根車を回転させる。熱効率を上げるため大気圧以下まで膨張させた後，冷却して水に戻す密閉サイクルが主流となっている。蒸気タービンを用いる密閉サイクルは，加熱装置（ボイラ）とともに冷却装置（復水器）を備え，原動機全体としては体積も重量も大きくなるので，単位出力の大きい原動機として体積と重量があまり問題にならない火力発電所や大形船舶の推進機関として用いられている。また，外燃機関であるから，燃料としては重油，石炭，天然ガスなどを用いることができる。原子力発電所はボイラの代わりに原子炉で得られた熱によって蒸気を発生させ，蒸気タービンに導いている。

1.3 熱機関の歴史

熱エネルギーを利用して実用的な仕事をする装置を最初に作ったのはイギリスのサベリー（Savery）で，鉱山の坑内の湧水を排出するために，容器に充満させた蒸気を冷水で冷却して真空にし，弁の開閉によって水を汲み上げる装置を作り（1698年），火力エンジンと呼んだ。さらに，ニューコメン（Newcomen）はシリンダ内のピストンを蒸気で押し上げた後，水を注入して冷却

し，ピストンを大気圧で押し下げて往復運動させることにより，ポンプ棒を往復運動させて揚水する蒸気機関を製作した（1705年）。「蒸気機関の父」と呼ばれるワット（Watt）は蒸気の凝縮をシリンダとは別の容器で行わせるなどニューコメンの蒸気機関を大幅に改良し（1769年），さらに，ピストンの往復運動を回転運動に変えて蒸気機関が揚水ポンプだけではなく，一般の原動機として使用できるようにした。この蒸気機関は改良が加えられて効率が良くなり，船舶や鉄道車両の牽引に使用されるようになった。

このような容積形の蒸気機関に対して，1883年にド・ラバル（de Laval）が衝動式蒸気タービンを，パーソンス（Persons）が1884年に反動式蒸気タービンを発明した。

一方，内燃機関については，ルノアール（Lenoir）が1860年に圧縮行程のないガス機関を製作して実用化した。その後，1876年にオットー（Otto）は吸入，圧縮，膨張，排気の4行程をもち，電気火花で点火する4サイクルのガス機関を製作した。さらに，ディーゼル（Diesel）は1898年にシリンダ内で空気のみを圧縮し，断熱圧縮されて高温になった空気中に燃料を噴射して燃焼させるディーゼル機関を完成させた。また，ガスタービンも蒸気タービンとともに研究されていたが，第二次世界大戦以降実用化された。

現在，熱機関として，内燃機関，蒸気タービン，ガスタービンが高度に発展し，陸上，海上，航空の交通機関に用いられて日常生活を支え，発電所の発電機を駆動することによって電力を生み出し，産業活動を行っている。

1.4 熱機関の適合性

上述のように現在使用されている熱機関は，内燃機関（ガソリン機関とディーゼル機関），蒸気タービン，ガスタービンであるが，熱効率，燃料価格，エンジンの重量，単位出力によって用途が決まってくる。陸上の交通機関，建設機械などは熱効率は悪くても軽量の内燃機関が適しており，さらに，自動車は燃料費が高くてもディーゼル機関より振動が少なく軽量のガソリン機関が好ま

れる。バス，トラックは運転距離も長く燃料消費量が多いので熱効率がガソリン機関より良く，燃料単価も安いディーゼル機関が用いられる傾向にある。船舶では機関重量はあまり問題にならず，熱効率が良く単位出力の大きい蒸気タービンか大形ディーゼル機関が用いられる。航空機は熱効率が悪くとも出力が大きく軽量のジェットエンジンが用いられる。

　定置形の発電所では重量と体積は問題にならず，熱効率が良く単位出力の大きい蒸気タービンが用いられる。蒸気発生器としてボイラを用いたものが火力発電所，原子炉を用いたものが原子力発電所である。

2

燃 焼 と 燃 料

　熱機関の多くは燃料を燃焼させ，燃料の持っている化学エネルギーを熱エネルギーに変え，さらに熱エネルギーを機械エネルギーすなわち動力に変換するものである†。したがって熱機関で動力を得るためには，まず燃料を燃焼させることが必要である。

　燃焼とは燃料中の炭素，水素等が酸素と結合して急激な**酸化反応**を起こすことにより熱を発生させることで，**燃焼**するためには燃焼するものすなわち**燃料**（fuel），**酸素**と，燃焼反応が持続するための一定の**温度**が必要である。燃焼に必要な酸素は通常空気から供給される。実際の燃焼反応は非常に複雑で，多くの反応が連鎖的に行われるが，熱機関の燃焼計算を行うときには必ずしもそれらの素反応の一つ一つが必要ではなく，反応の初めと終わりの状態を記述した式（これを**総括反応式**または**化学量論式**という）で十分な場合が多い。

　本章ではまず燃焼について，熱機関の設計や計算に直接必要な燃焼反応の化学量論式，燃焼によって生じる発熱量，燃焼に必要な空気量，および燃焼ガス量についてその基本点を述べた後，燃料の種類と特徴について述べる。その中で燃焼状況の概要と燃焼装置にも簡単に触れる。

2.1 燃 焼 の 基 礎

2.1.1　総括反応式（化学量論式）

　燃料中の可燃成分は主として炭素 C，水素 H および硫黄 S であり，それら

---

† 熱エネルギーを燃料の化学エネルギー以外から得るものの例として，原子力発電と太陽熱発電が挙げられる。原子力発電は熱機関であるが，核エネルギーを熱エネルギーに変えて動力を発生するものであり，NEDO で試みられている太陽熱を利用した蒸気プラントなども熱機関ではあるが燃料の化学エネルギーを利用したものではない。

が酸化反応により**完全燃焼**をするときの反応式は以下で表される。

$$C + O_2 = CO_2 + 407.0 \ [MJ/kmol] \tag{2.1}$$
$$12\ 32\ 44$$

$$H_2 + \frac{1}{2}O_2 = H_2O + 240.0 \ [MJ/kmol] \ (低位発熱量) \tag{2.2}$$
$$2\ \phantom{\frac{1}{2}}16\ 18$$

$$H_2 + \frac{1}{2}O_2 = H_2O + 285.0 \ [MJ/kmol] \ (高位発熱量) \tag{2.3}$$
$$2\ \phantom{\frac{1}{2}}16\ 18$$

$$S + O_2 = SO_2 + 296.1 \ [MJ/kmol] \tag{2.4}$$
$$32\ 32\ 64$$

各反応式の右辺にある数値は**反応熱**すなわち燃料中の各成分 1 kmol 当りの**発熱量**(calorific value),各反応式の下の数値は燃料の元素と**燃焼生成物**の成分ごとの分子量で,いずれも次項以降の燃焼計算式の基礎になるものである。

水素ガス(H_2)が酸化すると H_2O を生じるが,H_2O が水蒸気の状態にあるときの発熱量を**低位発熱量**または**真発熱量**(式 (2.2)),H_2O が凝縮して水の状態にあるときを**高位発熱量**,または**総発熱量**(式 (2.3))という。すなわち低位発熱量は高位発熱量から水の蒸発潜熱を差し引いた熱量となる。現実の熱機関では,燃焼ガスの温度は水蒸気が凝縮するほどは低くないので,燃焼ガス中の H_2O は水蒸気の状態で存在するため発熱量としては低位発熱量を用いる場合が多い。

酸素不足により炭素が**不完全燃焼**をした場合には一酸化炭素 CO を発生するが,そのときの反応式は

$$C + \frac{1}{2}O_2 = CO + 122.3 \ [MJ/kmol] \tag{2.5}$$
$$12\ \phantom{\frac{1}{2}}16\ 28$$

で表される。

2.1.2 燃料の発熱量

酸素が十分に多く,燃料が完全燃焼をする場合の燃料の発熱量は化学量論式 (2.1)〜(2.4) から求めることができる。燃料 1 kg_{fuel}(以下燃料 1 kg を 1

kg$_{fuel}$ と書く）中の炭素，水素，硫黄，酸素，水分の各含有量を c, h, s, o, w 〔kg〕とすると燃料の低位発熱量 H_l〔MJ/kg$_{fuel}$〕と高位発熱量 H_h〔MJ/kg$_{fuel}$〕は式（2.6），（2.7）で表される．

$$H_l = \frac{407.0}{12}c + \frac{240.0}{2}\left(h - \frac{o}{8}\right) + \frac{296.1}{32}s - 2.5(1.13o+w) \tag{2.6}$$

$$H_h = H_l + 2.5(9h+w) \tag{2.7}$$

式（2.6）の低位発熱量は，反応式（2.1），（2.2），（2.4）の発熱量に燃焼に関与する炭素，水素，硫黄の質量を乗じ，水分の蒸発熱を差し引いて求められる．ここで式（2.6）の右辺第2項は，燃料中の酸素はすべて水素Hと化合して結晶水（H_2O）として存在し，水素は酸素と結合して結晶水になっているものと単独で遊離しているものとに分かれると仮定して作られている．すなわち反応式（2.2）より燃料中の水素 h〔kg〕の内の $o/8$〔kg〕はすでに結晶水になっているため，燃焼に関与するのは $(h-o/8)$〔kg〕で，これを**有効水素**と呼んでいる．式（2.6）の右辺第2項はこれを考慮したものである．式（2.6）右辺第4項は結晶水と燃料中の水分を蒸発させるのに必要な熱量で，酸素 o〔kg〕が結び付いている結晶水は式（2.2）より，$(9/8)o=1.13o$〔kg〕で蒸発熱は 2.5 MJ/kg として導いた．

高位発熱量 H_h は低位発熱量 H_l に水分の**蒸発熱**（latent heat of vaporization）を加えたものであるが，反応式（2.2）から水素の燃焼反応により，水素の9倍の水 $9h$〔kg〕が生成されるので，もともと燃料に含まれていた水分 w〔kg〕と合わせた水の量は $(9h+w)$〔kg〕になる．以上より高位発熱量 H_h に関する式（2.7）が導かれる．

2.1.3 燃焼に必要な空気量

完全燃焼に必要な最小の酸素量に相当する空気量を**理論空気量**という．燃料1kgを完全燃焼させるのに必要な最小の酸素量 M_o〔kg〕は **2.1.1** 項の反応式より

$$M_o = \frac{8}{3}c + 8h + s - o \quad [\text{kg/kg}_{\text{fuel}}] \tag{2.8}$$

ここで c, h, s, o は燃料 1 kg$_{\text{fuel}}$ 中の炭素,水素,硫黄および酸素の質量〔kg〕である。標準状態において酸素 1 kmol の質量は 32 kg,体積は標準状態において 22.4 m$^3{}_\text{N}$ であるから[†1],最小酸素量を体積 M'_o で表すと

$$M'_o = \frac{22.4}{32} M_o = \frac{22.4}{32}\left(\frac{8}{3}c + 8h + s - o\right) \quad [\text{m}^3{}_\text{N}/\text{kg}_{\text{fuel}}] \tag{2.9}$$

酸素は乾き空気中に質量比で 23.2 %,体積比で 21.0 %が含まれており,燃料 1 kg が完全燃焼するのに必要な理論空気量(L_{0m}〔kg/kg$_{\text{fuel}}$〕および L_{0v}〔m$^3{}_\text{N}$/kg$_{\text{fuel}}$〕)は

$$L_{0m} = \frac{1}{0.232} M_o = \frac{1}{0.232}\left(\frac{8}{3}c + 8h + s - o\right)$$

$$= 4.31\left(\frac{8}{3}c + 8h + s - o\right) \quad [\text{kg/kg}_{\text{fuel}}] \tag{2.10}$$

$$L_{0v} = \frac{1}{0.21} M'_o = \frac{1}{0.21}\frac{22.4}{32}\left(\frac{8}{3}c + 8h + s - o\right)$$

$$= 3.33\left(\frac{8}{3}c + 8h + s - o\right) \quad [\text{m}^3{}_\text{N}/\text{kg}_{\text{fuel}}] \tag{2.11}$$

完全燃焼をさせるために理論空気量より多くの空気を供給することが多い。実際に供給する空気量(L_m または L_v)と理論空気量の比(λ)を**空気比**または**空気過剰率**(air excess ratio)という[†2]。

$$\lambda = \frac{L_m}{L_{0m}} = \frac{L_v}{L_{0v}} \tag{2.12}$$

ボイラ,ディーゼル機関およびガスタービンでは理論空気量より多くの空気を投入する。ボイラではボイラ効率の面からできるだけ過剰の空気は少ないほうがよいが,あまり少ないと不完全燃焼を起こし,**燃焼効率**を低下させ,またすすを発生させる。そのため燃料と空気の混合を良好にし,極力過剰空気を少なくする努力がなされている。ディーゼル機関では燃焼室がボイラより小さいので,完全燃焼をするにはより過剰な空気が必要となる。ガスタービンは燃焼

[†1] 標準状態において 1 m^3 となる体積を 1 m$^3{}_\text{N}$ と表す。
[†2] λ をボイラなどでは空気比といい,内燃機関では空気過剰率と呼んでいる。

ガスが直接タービンに流入するので，材料の温度を許容温度以下にするために，意図的に過剰な空気を混入することがなされている。

ガソリン機関では，あらかじめ気化した燃料を空気と混合したものをシリンダ内に投入する予混合方式の場合には，空気比は1またはそれ以下が多い。一方，燃料を直接シリンダ内に投入することにより，**超希薄燃焼**を実現し，エンジンの燃費を大幅に改善させる方法も最近行われている。この場合の投入空気量は理論空気量よりも相当に多く，空気比が2以上になることもある。

2.1.4 燃焼ガス量

燃料1kgが理論空気量 L_{0v}，空気比 λ の下で完全燃焼をしたときの**燃焼ガス量** V 〔m³_N〕は次式で表される。

$$V = 22.4\left(\frac{c}{12} + \frac{h}{2} + \frac{s}{32} + \frac{n}{28} + \frac{w}{18}\right)$$
$\underbrace{}_{\text{燃料中の各成分の燃焼により生じた } CO_2,\ H_2O,\ SO_2,\ N_2,\ H_2O \text{ のモル数}}$

$$+ \underbrace{0.79\lambda L_{0v}}_{\text{投入空気中の窒素量}} + \underbrace{0.21(\lambda-1)L_{0v}}_{\text{過剰空気中の酸素量}} \quad \text{〔m}^3{}_N/\text{kg}_{\text{fuel}}\text{〕}$$

$$= \underbrace{1.867c}_{CO_2} + \underbrace{0.7s}_{SO_2} + \underbrace{(11.2h + 1.244w)}_{\text{水分 } H_2O} + \underbrace{(0.8n + 0.79\lambda L_{0v})}_{N_2}$$

$$+ \underbrace{0.21(\lambda-1)L_{0v}}_{O_2} \quad \text{〔m}^3{}_N/\text{kg}_{\text{fuel}}\text{〕} \tag{2.13}$$

ここで，c, h, s, n, w はおのおの燃料1kg_fuel 中の炭素，水素，硫黄，窒素，および水分の質量である。

理論燃焼ガス量 V_0 は空気比 $\lambda=1$ のときの燃焼ガス量で式 (2.14) になる

$$V_0 = 1.867c + 0.7s + (11.2h + 1.244w)$$
$$+ (0.8n + 0.79L_{0v}) \quad \text{〔m}^3{}_N/\text{kg}_{\text{fuel}}\text{〕} \tag{2.14}$$

水分を除去した**乾燥燃焼ガス量** V' 〔m³_N〕中の CO_2, SO_2, N_2 および O_2 の体積割合 (CO_2), (SO_2), (N_2), および (O_2) は式 (2.13) より次式で与えられる。

$$(CO_2) = \frac{1.867c}{V'}, \quad (SO_2) = \frac{0.7s}{V'}, \quad (N_2) = \frac{0.8n + 0.79\lambda L_{0v}}{V'},$$

$$(O_2) = \frac{0.21(\lambda-1)L_{0v}}{V'} \qquad (2.15)$$

ここで乾燥燃焼ガス量 V' は式（2.13）の燃焼ガス量から水分を引いたものだから

$$\begin{aligned} V' &= 1.867c + 0.7s + (0.8n + 0.79\lambda L_{0v}) + 0.21(\lambda-1)L_{0v} \\ &= 1.867c + 0.7s + 0.8n + (\lambda-0.21)L_{0v} \quad [\mathrm{m^3_N/kg_{fuel}}] \end{aligned}$$
$$(2.16)$$

燃料中の窒素と硫黄の量を無視すると，(CO_2) と (O_2)，または (N_2) と (O_2) を測定することにより，完全燃焼の場合の空気比 λ を求めることができる。

(CO_2) と (O_2) から

$$\lambda = 1 + \frac{\frac{0.79}{0.21}(O_2)}{1 - (CO_2) - \frac{(O_2)}{0.21}} \qquad (2.17)$$

(N_2) と (O_2) から

$$\lambda = \frac{0.21}{0.21 - 0.79\frac{(O_2)}{(N_2)}} \qquad (2.18)$$

2.2 燃料の種類と性質

　燃料は熱機関で動力を得るための資源であると同時に製鉄，冶金や化学工業の原料であり，工場の熱源になるとともに一般家庭の暖房などにも用いられる。燃料は空気中や酸素雰囲気で容易に化学反応を起こして発熱し，化学エネルギーを熱エネルギーに変換して熱機関などで有効に利用できる物質である。
　したがって燃料としては，発熱量が大きく，空気や酸素と混合して容易に燃焼ができるとともに，供給，貯蔵，運搬，取扱いが容易で，かつ安全性と経済性を有することが必要である。さらに，燃焼技術によって「環境にやさしい」対策が可能なこと，すなわち**硫黄酸化物**，**窒素酸化物**やばいじんなどの**大気汚**

染物質の排出を抑制できることが燃料の不可欠の要件である。また最近では，二酸化炭素の排出の少ない燃料が，**地球温暖化**を防止する意味からきわめて有用である。

燃料は**気体燃料**，**液体燃料**および**固体燃料**に大別できる。以下ではそれらの性質を，各燃料ごとの燃焼状況と燃焼装置の概要にも触れながら述べる。

2.2.1 気体燃料

気体燃料とは，常温，常圧で気体状になっているものをいう。気体燃料は燃焼が容易で，発熱量が大きく，大気汚染物質の排出量も比較的少ないため，近年その使用量が増大しつつある。他方，気体の状態では体積が大きくなり，輸送の便が悪いため，低温で液化して用いられることも多い。

気体燃料は主として石油系と石炭系に分けられる。石油系のガスには石油とともに産出される**石油ガス**と，石油を伴わず水とともに出る**天然ガス**があり，前者を**乾性ガス**，後者を**湿性ガス**と呼んでいる。

天然ガスの主成分はメタン（CH_4）で，輸送の便をよくするため，それを液化したものが**液化天然ガス**（**LNG**：liquefied natural gas）である。石油ガスはプロパン（C_3H_8）やブタン（C_4H_{10}）が主成分で，これらは容易に液化でき，**液化石油ガス**（**LPG**：liquefied petroleum gas）と呼ばれている。

石炭系のガスとしては，石炭の乾留過程で発生する**石炭ガス**，石炭を不完全燃焼させて得られる**発生炉ガス**，石炭を水蒸気と反応させて得られる**水生ガス**，コークス炉から得られる**コークス炉ガス**などがある。製鉄用溶鉱炉の排出ガスである**高炉ガス**も一酸化炭素（CO）を含有しており燃料として用いられる。埋蔵量の多い石炭を広範囲に使用できるように，石炭のガス化技術も開発されつつある。

最近焦眉の問題になっている地球温暖化を防止するためには，**温室効果ガス**である**炭酸ガス**の排出を減らすことが是非必要である。LNGはその主成分がメタンで多量の水素を含んでいるため，同一発熱量当りの炭酸ガスの排出量は，石炭に比べて約50％，石油に比べて約35％減少し，地球温暖化防止の観

点からも有用な燃料であるといえる。さらに進んで，炭酸ガスの発生のない**水素ガス**（H_2）の製造・利用技術の開発も注目されている。水素ガスは**燃料電池**の燃料として用いられているほか，直接自動車エンジン用の燃料としてもその可能性が検討されている。

気体燃料が燃焼するためには，空気と燃料の混合比が一定の範囲内にあり，かつ温度が一定の温度以上になることが必要である。この燃焼に必要な空気と燃料の濃度を**可燃濃度**，燃焼に必要な温度を**着火温度**という。

気体燃料の燃焼には，燃料と空気をあらかじめ混合してから燃焼させる**予混合燃焼**と，空気と燃料を別々に供給して燃焼させる**拡散燃焼**がある。予混合燃焼は空気と燃料が一様に混合しているので，燃焼にむらがなく，火炎という反応面が可燃濃度範囲内の予混合気体中を伝播していき，燃焼が行われる。

拡散燃焼では空気と燃料の境界で両者の拡散作用により混合が生じ，可燃濃度に達したところから燃焼反応が行われる。空気と燃料の供給の仕方が悪く両者の混合が不均一になると，可燃濃度範囲にむらができ燃焼が悪くなる。

天然ガス燃焼用のガスバーナの一例を図**2.1**に示す。これは通常 150〜

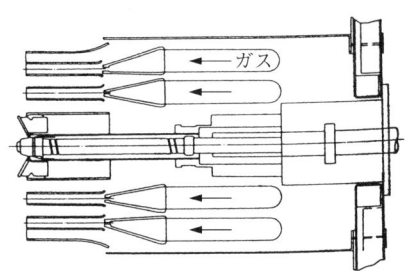

図**2.1** 天然ガス燃焼用のガスバーナ
（日本機械学会編：新版 機械工学便覧 B 6 動力プラント，日本機械学会（丸善）(1985) より転載）

表**2.1** 気体燃料の性状

燃料名	着火温度〔℃〕		発熱量（低位）〔MJ/m^3_N〕
天然ガス（LNG）	(CH_4)	645	35.8
液化石油ガス（LPG）	(C_3H_8)	510	93.6
発生炉ガス	650〜800		4.7〜5.0
高炉ガス	700〜800		3.7
水素ガス	530		10.8

300 kPa 程度の圧力でバーナ先端よりガスを高速噴射させて燃焼をさせるものである。**表2.1**におもな気体燃料の着火温度と発熱量を示す。

2.2.2 液 体 燃 料

液体燃料は常温，常圧で液体状になっており，石油がその大半を占める。石油の主成分は炭化水素である。**石油**（petroleum）は現在最も広く用いられている燃料で，世界の1次エネルギー供給量の約2分の1をまかなっている。

地中から発掘された石油（これを**原油**という）は蒸留され，沸点の低い順に**揮発油，灯油，軽油**が，そして最後に**重油**が抽出される。それらの性状，すなわち比重，蒸留温度，引火点温度†および発熱量を**表2.2**に示す。

表2.2 石 油 の 性 状

燃料名	比 重	蒸留温度〔℃〕	引火点〔℃〕	発熱量（低位）〔MJ/kg〕
揮発油（ガソリン）	0.6 〜 0.78	50 〜 200	−10 〜 −15	46 〜 50
灯　　油	0.78 〜 0.83	200 〜 250	40 〜 70	45 〜 46
軽　　油	0.83 〜 0.89	250 〜 300	40 〜 85	42 〜 46
重　　油	0.91 〜 0.99	350 以上	50 〜 90	36 〜 42

揮発油には**ガソリン**と**ナフサ**があり，ガソリンは内燃機関の火花点火エンジンの燃料に，ナフサはジェットエンジンの燃料に使用される。

灯油は小形エンジンやジェットエンジンの燃料に用いられるとともに，暖房，厨房用にも使用される。

軽油は灯油と重油の中間抽出物で，発動機や高速ディーゼル機関用に使用されるとともに，小容量バーナや重油点火バーナなどに使用されている。

重油はその比重により**A重油，B重油**および**C重油**に分けられる。A重油は中・小形中速ディーゼル機関用，B重油は中形中速ディーゼル機関用に，さらにC重油は舶用大形ディーゼル機関用に用いられる。またボイラ用燃料と

---

† 石油を加熱して一定の温度になると石油が蒸発し，石油蒸気と空気の可燃ガス混合気ができ，これに火炎を近づけると瞬間的に燃焼する。このときの温度を引火点温度という。

しては，以前はもっぱらC重油が用いられていたが，最近は窒素酸化物や硫黄酸化物などの大気汚染物質を低減させる必要性から，A，B重油や灯油も用いられる。

液体燃料は空気と燃料の界面から燃料が蒸発して気体となり，これが空気と混合・反応して燃焼をする。燃料蒸気と空気の燃焼は気体燃料の燃焼と同じ拡散燃焼である。炭素分の多い重油の場合は，最初は**蒸発燃焼**をし，その熱で燃料成分が分解しながら燃焼する。これを**分解燃焼**という。液体燃料を良好に燃焼させるためには，空気と燃料の接触面積をできるだけ大きくすることが必要で，そのために燃料は**バーナ**で極力噴霧状に**微粒化**される。

液体燃料のバーナは燃料を微粒化する方式により，**圧力噴霧バーナ**，**蒸気噴霧バーナ**（または**空気噴霧バーナ**）および**回転式バーナ**に分けられる。圧力噴霧バーナは燃料に圧力を加えて，旋回させながら小さな穴から燃料を噴出させて微粒化させるもので，燃料に加えられる圧力が低下すると微粒化が悪くなる。図 **2.2**（ a ）はボイラ用の圧力噴霧バーナの一例であるが，1〜4 MPa

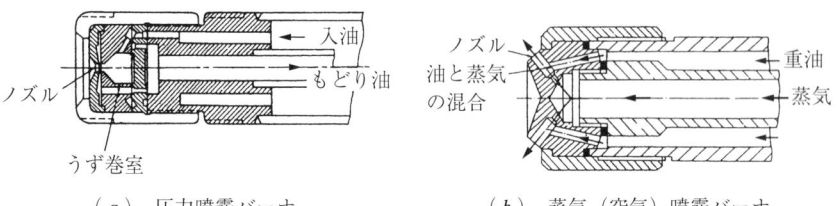

（a）　圧力噴霧バーナ　　　　　　（b）　蒸気（空気）噴霧バーナ

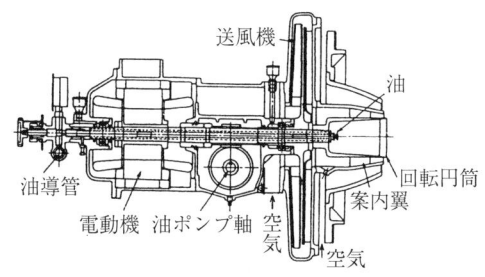

（c）　回転式バーナ

図 2.2　液体燃料用バーナ（日本機械学会編：新版 機械工学便覧B6動力プラント，日本機械学会（丸善）（1985）より転載）

程度の油圧で噴霧される。

図 **2.3** にディーゼル機関用の**燃料噴射ノズル**（容積形内燃機関の場合はバーナといわずノズルという）の一例を示す。この場合には 20〜150 MPa という非常に高い油圧で噴射される。

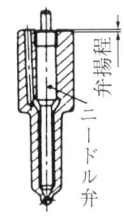 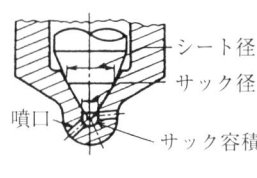

図 **2.3** ディーゼル機関用燃料噴射ノズル（日本機械学会編：新版 機械工学便覧 B 6 動力プラント，日本機械学会（丸善）(1985) より転載）

蒸気または空気噴霧バーナは，蒸気または空気を燃料と混合させることにより燃料を微粒化するもので，他の方式に比べて微粒化が良いが，高圧の蒸気や空気が必要である。ボイラ用の蒸気または空気噴霧バーナを図 **2.2**（b）に示す。

回転式バーナは回転するカップの内壁に燃料を流し，遠心力によって微粒化するもので，バーナが少し大きくなるが，燃料の広い範囲で調節できる。回転式バーナの一例を図 **2.2**（c）に示す。

2.2.3 固 体 燃 料

固体燃料とは常温，常圧で固体のもので**石炭，亜炭，木材**などがある。石炭は太古の森林が地下に埋没し長年にわたって炭化してきたもので，その主要な成分は炭素で，そのほかに硫黄，酸素，窒素などを含んでいる。

石炭は埋蔵量が他の燃料に比べて多く，燃料資源の**可採年数**を見ると石油が 45 年，天然ガスが 65 年であるのに対し，石炭は 133 年と相対的に長い[†]。その反面取扱いが複雑であると同時に，燃焼方法を工夫しなければ燃焼効率が悪く，かつ窒素酸化物やすすなど大気汚染物質の排出の原因にもなる。取扱いを

[†] 可採年数とは確認可採埋蔵量（R）を 1 年間の生産量（P）で除した値（R/P）。各燃料の可採年数は「BP 統計 2008（石油，天然ガス，石炭：2007）」による。

良くし，かつ大気汚染物質の排出を防止しながら埋蔵量の多い石炭を利用できるようにするため，**流動層燃焼**や**微粉炭燃焼**などの燃焼方法の開発や**石炭のガス化**や，**COM**（coal oil mixture，微粉炭と石油の混合物），**CWM**（coal water mixture，微粉炭と水の混合物）などの技術開発が盛んに行われている。

石炭の分類は**燃料比**によって行われる。燃料比は石炭の**炭化度**の進行度合いを表し，**固定炭素**と**揮発分**の比で定義される。燃料比が低いほど（揮発分が多いほど）燃焼速度が速い。燃料比の高い順から**無煙炭**，**瀝青炭**，**亜炭**，**褐炭**，**泥炭**に分類される。

石炭の性状，すなわち燃料比，比重，着火温度および発熱量を**表 2.3** に示す。ここで**着火温度**とは空気中に置いた石炭が自分で燃え出す温度である。

表 2.3　固体燃料の性状

燃料名	燃料比	比　重	着火温度〔℃〕	発熱量（低位）〔MJ/kg〕
無煙炭	7 以上	1.3〜1.5	440〜500	30〜34
瀝青炭	7〜1	1.2〜1.4	300〜400	22〜33
亜炭・褐炭	1 以下	1.1〜1.3	250〜450	24〜31
泥　炭		0.7〜1.0	250〜300	< 24.5

なお，市場における石炭の呼称として**銘柄**を表すもの（オーストラリラ炭や中国炭など産地で呼ばれる）と**粒度**を表すもの（採掘したままのものが切込み炭，20 mm 以上が塊炭，20 mm 以下が粉炭）が用いられている。

微粉炭は石炭を 0.05 mm（50 μm）以下に粉砕したもので，液体燃料と同様にバーナで燃焼させることができる。

石炭を液体燃料と同じ取扱いができるように開発された燃料として COM と CWM がある。COM は 70 μm 程度に粉砕された微粉炭と C 重油を重量比で 50：50 に混合したもの，CWM は重油の代わりに水を使用し重量比で石炭 70％，水 30％程度を混合したもので，いずれも**高濃度スラリー**として扱われ，液体燃料と同様にバーナで燃焼される。

石炭を空気不足の状態（還元雰囲気）で不完全燃焼をさせ，それにより一酸

化炭素を発生させて気体燃料として用いる石炭のガス化も行われている。

また，最近問題になっている廃棄物の処理とも関連して，廃棄物自体（生ごみ）またはそれを粉砕してクレヨン状に成形したもの（**RDF**：refuse derived fuel と呼ばれている）も燃料として用いられている。生ごみの低位発熱量は 6 〜 13 MJ/kg 程度，RDF は約 17 MJ/kg で石炭と同程度である。なお，廃棄物を燃焼する場合には，猛毒のダイオキシン類の発生を規制値内に抑えることが不可欠である。

固体燃料が加熱されると，まず熱分解により可燃性の揮発分が発生して，空気中の酸素と反応して燃焼する（分解燃焼）。気化しない可燃成分（チャーという）は，固体燃料の表面に拡散した酸素と反応して燃焼する（**表面燃焼**）。

固体燃料の燃焼方法としては，**火格子燃焼**，微粉炭燃焼および流動層燃焼がある。火格子燃焼（**ストーカ燃焼**）は図 **2.4** に示すように，火格子（ストーカ）の上に燃料床を作り下から空気を通して燃焼をさせるもので，古くから行われている燃焼方法で，石炭だけではなくて廃棄物やそれを成型した RDF の燃焼にも用いられている。

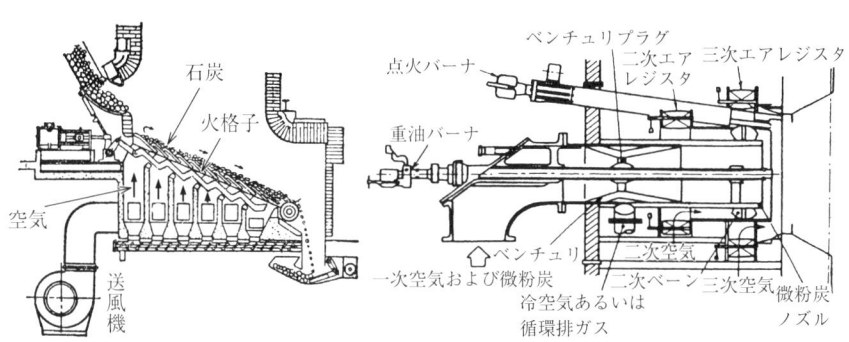

図 **2.4** ストーカ（石谷清幹，浅野弥祐：新版熱機関通論，コロナ社 (1978) より転載）

図 **2.5** 微粉炭バーナ（日本機械学会編：新版機械工学便覧 B 6 動力プラント，日本機械学会（丸善）(1985) より転載）

微粉炭燃焼は液体燃料と同じように微粉炭を空気とともにバーナから燃焼室に吹き込んで燃焼させるもので，最近の石炭焚き火力発電所の多くは微粉炭燃焼を行っている。**微粉炭バーナ**の一例を図 **2.5** に示す。

流動層燃焼は，石灰石やけい砂などの耐火性粒子の中に粉砕された固体燃料を投入し，両者の**混合粒子層**（粒子の大きさは数 mm 程度）を作り，下から空気を吹き込んで粒子層を流動状態にして燃焼させるもので，熱容量が大きく，燃料と空気の混合が良く，燃焼温度が 750 ℃から 950 ℃と比較的低温なのが特徴である。そのため流動層は，あらゆる炭種の石炭をはじめとして廃棄物を含む多様な固体燃料を燃焼させることができるとともに，窒素酸化物の発生も低く抑えることができる。

演 習 問 題

【1】 燃焼とはなにか，また燃焼をするために必要な三つの条件を挙げよ。

【2】 高位発熱量と低位発熱量について説明せよ。

【3】 炭素 86.3 ％，水素 13.7 ％の質量割合の液体燃料について
（1） 低位および高位発熱量を求めよ。
（2） 理論空気量と空気比 1.2 としたときの実際の空気量を求めよ。
（3） 空気比が 1.2 の場合の水分を除去した乾燥燃焼ガス量と乾燥燃焼ガス中の CO_2 および O_2 の体積割合を求めよ。

【4】 質量割合が炭素 85.0 ％，水素 14.5 ％，硫黄 0.2 ％，窒素 0.3 ％の液体燃料を完全燃焼させたところ，乾燥燃焼ガス中の CO_2 の体積割合が 12 ％であった。
（1） 理論空気量を求めよ。
（2） 空気比と乾燥燃焼ガス量を求めよ。
（3） 乾燥燃焼ガス中の O_2 の体積割合を求めよ。

【5】 燃焼ガスの分析を行った結果，体積割合で CO_2 が 14.5 ％，酸素が 1.36 ％であった。このときの空気比を求めよ。

【6】 同一発熱量当りの CO_2 の発生量を LNG と石炭および LPG と石炭で比較せよ。なお簡単のため，LNG はメタン（CH_4），LPG はプロパン（C_3H_8），石炭は炭素（C）のみを含んでいるものとする。

【7】 燃料として必要な条件を挙げよ。また気体，液体，固体の各燃料の特徴とその代表例を挙げよ。

3

蒸気サイクル

　水を加熱して蒸気を発生させ，それを作動流体として，タービンなどの原動機で動力を取り出すものを**蒸気動力**という。水を加熱するための燃料としては油，石炭，天然ガスおよび核燃料などが用いられる。油，石炭や天然ガスなどを燃料とする蒸気動力のプラントを火力プラント，ウランなどの核燃料を燃料とするものを原子力プラントという。

　本章では，蒸気動力のサイクル（蒸気サイクル）とその構成について述べる。

3.1 蒸気のエクセルギー

　蒸気動力のサイクルを検討し，その機器を設計・計画する場合に必要な蒸気の状態変化や熱力学的物性値の基礎については熱力学の教科書を参照いただくこととし，以下ではエクセルギーについて少し説明を加える。

　エクセルギーは媒体が外部環境の下で仕事として取り出し得る最大のエネルギーで，一定の状態にある媒体が外部環境を低熱源としてカルノーサイクルを行うことによって得られる仕事量を表す。したがって，媒体の単位質量当りのエクセルギーすなわち比エクセルギー e は，比エンタルピーを h，比エントロピーを s，外部環境における比エンタルピーを h_0，比エントロピーを s_0，絶対温度を T_0 とすると式（3.1）で表される。

$$e = (h - h_0) - T_0(s - s_0) \qquad (3.1)$$

比エンタルピーと比エントロピーがともに状態量であるから，外部環境が決まればエクセルギーも状態量になる。

前述のようにエクセルギー e は動力に変換し得る有効なエネルギーであるのに対し、式（3.1）右辺第2項の $T_0(s-s_0)$ は動力としては使用できない無効なエネルギーであり、エンタルピーはその和で表される。外部との熱の出入りのない断熱変化ではエンタルピーは変化しないが、摩擦や渦により流体が内部から加熱される場合にはエントロピーが増大するため、式（3.1）からエクセルギーは減少する。

湿り蒸気の比エクセルギー e は、飽和水と飽和蒸気の比エクセルギーを e', e'', 蒸気の乾き度を x とすると

$$e = e' + x(e''-e') \qquad (3.2)$$

蒸気サイクルにおけるエクセルギーについては章末の演習問題でその有効性を確認する。

なお、各状態における蒸気の物性値は日本機械学会が「SI JSME 蒸気表」にまとめている。その抜粋を巻末の付録（付 3）に掲載する。

3.2 ランキンサイクル

3.2.1 ランキンサイクルとその構成要素

水・蒸気を作動流体とする**蒸気サイクル**の最も基本的な構成を**図 3.1** に、蒸気サイクルを T-s 線図で表したものを**図 3.2** に示す。**給水ポンプ**（feed pump）で加圧された圧縮水は、**ボイラ**（boiler）で加熱され過熱蒸気となって**蒸気タービン**（steam turbine）に入り、タービン内で膨張し仕事をした後、**復水器**（condenser）で水に戻り、給水ポンプに入りサイクルを完結させる。この最も基本的な蒸気サイクルのことを**ランキンサイクル**（Rankin cycle）という。ランキンサイクルについて**図 3.1** と**図 3.2** により説明する。

まず水は、給水ポンプで断熱圧縮によりボイラの圧力まで加圧されてボイラの蒸発器に入る（1→2）。給水ポンプでの損失を無視すると、1→2は等エントロピー線になり、T-s 線図上では垂線で表される。圧縮水（2）はボイラの**蒸発器**（evaporator）で加熱されて飽和蒸気になり（3'）、さらに**過熱器**

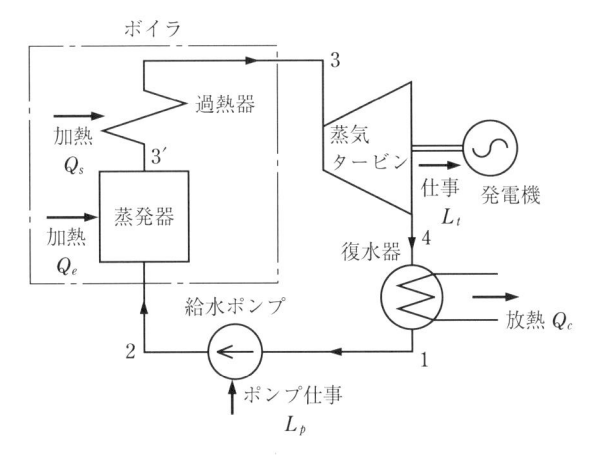

図 3.1 蒸気サイクルの基本構成

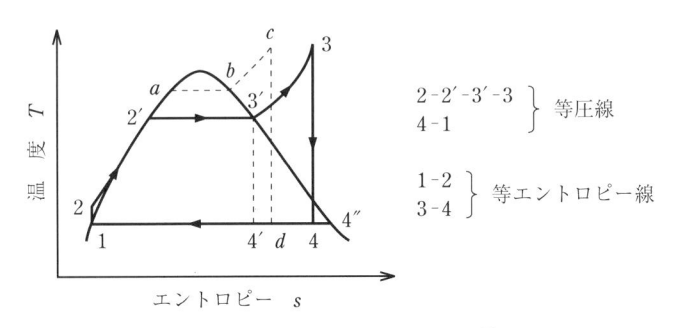

図 3.2 ランキンサイクルの T-s 線図
（番号は図 **3.1** と対応させている）

2-2′-3′-3
4-1 ｝等圧線

1-2
3-4 ｝等エントロピー線

(superheater) で加熱されて過熱蒸気となって蒸気タービンに入る（3）。ボイラ内では等圧で加熱されるので，$2 \to 2' \to 3' \to 3$ は等圧線である。$2' \to 3'$ は飽和状態にあるから等圧の下では温度も一定で，T-s 線図上では水平線で表される。

タービン内で損失がないとすると，過熱蒸気はタービン内で復水器の圧力まで**等エントロピー膨張**をして仕事をする（$3 \to 4$）。$3 \to 4$ は等エントロピー線であるから T-s 線図上では垂線で表される。タービン出口すなわち復水器入口の点 4 は飽和蒸気線の下にあるので湿り蒸気の状態にある。復水器圧力における飽和蒸気を点 4″，飽和液を点 1 で示すと，蒸気の**乾き度**は $(1-4)/(1-$

4″)，**湿り度**は $(4 - 4'')/(1 - 4')$ で表される。復水器に入った湿り蒸気は全量が飽和水になるまで冷却水により等圧で冷却され（1），給水ポンプに入りランキンサイクルを完結させる。復水器内は飽和状態に保たれるから，等圧線 4→1 は同時に等温線でもあり，$T\text{-}s$ 線図上で水平線で表される。

復水器の温度は低いほど仕事量を多く取り出すことができ，効率が上がるので，火力発電所のように効率を重視するプラントでは，復水器温度を冷却水温度近くまで下げている。復水器内は飽和状態にあるので，復水器温度を下げると圧力も低下し，真空になる場合が多い。例えば復水器温度を 30 ℃ とすると圧力は 4.241 kPa で大気圧（101.3 kPa）よりもはるかに低く，真空である。

なお図 **3.2** において，給水ポンプの仕事量は非常に小さいので，通常無視してもよく，これがランキンサイクルの特徴でもある。一般に熱機関のサイクルは**圧縮，加熱，膨張，冷却**の四つの過程から成り立っているが，ランキンサイクルでは圧縮仕事（給水ポンプの仕事）が非常に小さく，蒸気タービンでの仕事のほぼ全量がサイクルの仕事量になる。

以上のランキンサイクルをまとめると図 **3.3** のようになる。

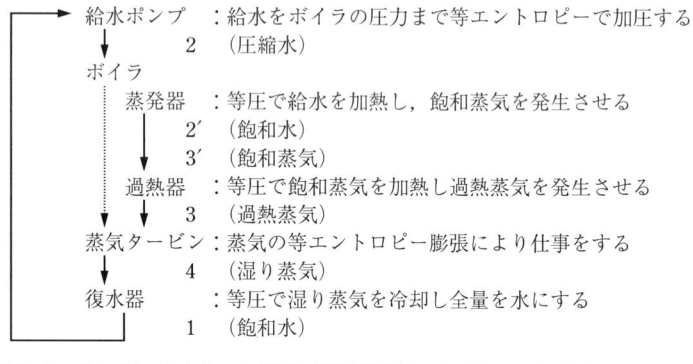

```
 ┌─→ 給水ポンプ   ：給水をボイラの圧力まで等エントロピーで加圧する
 │      ↓  2   （圧縮水）
 │    ボイラ
 │      蒸発器   ：等圧で給水を加熱し，飽和蒸気を発生させる
 │      ↓  2′  （飽和水）
 │         3′  （飽和蒸気）
 │      過熱器   ：等圧で飽和蒸気を加熱し過熱蒸気を発生させる
 │      ↓  3   （過熱蒸気）
 │    蒸気タービン ：蒸気の等エントロピー膨張により仕事をする
 │      ↓  4   （湿り蒸気）
 │    復水器    ：等圧で湿り蒸気を冷却し全量を水にする
 └──────  1   （飽和水）
```

図 **3.3** ランキンサイクルの過程（番号は図 **3.1**，図 **3.2** と対応させている）

3.2.2　ランキンサイクルの熱計算

図 **3.2** に示すランキンサイクルの作動流体（水・蒸気）の流量を W 〔kg/s〕とすると，各部の仕事量や加熱・放熱量等は以下で計算できる。

給水ポンプで必要な仕事量　$1 \to 2$：　$L_p = W(h_2 - h_1)$　　　(3.3)

ボイラでの加熱量

　　蒸発器　$2 \to 2' \to 3'$：　$Q_e = W(h_{3'} - h_2)$　　　(3.4)

　　過熱器　$3' \to 3$：　$Q_s = W(h_3 - h_{3'})$　　　(3.5)

　　タービンで発生する仕事量　$3 \to 4$：　$L_t = W(h_3 - h_4)$　　　(3.6)

　　復水器からの放熱量　$4 \to 1$：　$Q_c = W(h_4 - h_1)$　　　(3.7)

エンタルピー h の単位を kJ/kg とすると，式 $(3.3) \sim (3.7)$ の各式で表される仕事量や熱量の単位は kW である。

ランキンサイクルの理論熱効率 η_R は

$$\eta_R = \frac{\text{仕事量}}{\text{加熱量}} = \frac{\text{タービンでの仕事量} - \text{給水ポンプの仕事量}}{\text{ボイラでの加熱量}} = \frac{L_t - L_p}{Q_e + Q_s}$$

$$= \frac{(h_3 - h_4) - (h_2 - h_1)}{(h_{3'} - h_2) + (h_3 - h_{3'})} = \frac{(h_3 - h_2) - (h_4 - h_1)}{h_3 - h_2} = \frac{(Q_e + Q_s) - Q_c}{Q_e + Q_s}$$

$$= \frac{\text{ボイラでの加熱量} - \text{復水器からの放熱量}}{\text{ボイラでの加熱量}} \qquad (3.8)$$

通常給水ポンプの仕事量は無視できるので $h_2 \fallingdotseq h_1$ とすることができる。

$$\eta_R = \frac{h_3 - h_4}{h_3 - h_1} \qquad (3.8')$$

ボイラ圧力（p_b），過熱器の出口温度（タービン入口温度 T_3）および復水器温度（T_c）が与えられると，タービン出口（復水器入口）の乾き度 x_4，比エンタルピー h_4，および比体積 v_4 を以下のように求めることができる。

過熱器出口（タービン入口）は圧力 p_b，温度 T_3 から，比エントロピー s_3 を過熱蒸気表から読み取る。タービン内は等エントロピー変化をするから，タービン出口（復水器入口）の比エントロピー s_4 は s_3 と等しい。復水器温度 T_c における飽和水と飽和蒸気の比エントロピーを s'_c，s''_c とすると

$$s_4 = s'_c + x_4(s''_c - s'_c) = s_3 \quad \therefore \quad x_4 = \frac{s_3 - s'_c}{s''_c - s'_c} \qquad (3.9)$$

温度 T_c における飽和水の比エンタルピーと蒸発潜熱を h'_c，r，飽和水と飽和蒸気の比体積を v'_c，v''_c とすると，タービン出口の比エンタルピー h_4 と比

体積 v_4 は式（3.10）と式（3.11）で計算できる。

$$h_4 = h'_c + x_4\, r \tag{3.10}$$

$$v_4 = v'_c + x_4(v''_c - v'_c) \tag{3.11}$$

ランキンサイクル各点の諸量は蒸気表から直接読み取ることができる。

3.3 熱効率改善の方法

3.3.1 飽和ランキンサイクルと効率改善の方向

図 3.1 のランキンサイクルにおいて過熱器を経ずに，蒸発器から直接飽和蒸気をタービンに入れて仕事をさせるサイクルを**飽和蒸気サイクル**または**飽和ランキンサイクル**という。これは最も単純なサイクルであるが，ランキンサイクルの特質や効率改善の方向を検討するのに便利であるとともに，実際にも原子力プラントでは飽和ランキンサイクルが用いられている。

飽和ランキンサイクルは図 3.2 の T-s 線図上で $1 \to 2 \to 2' \to 3' \to 4' \to 1$ で表され，給水を飽和温度まで加熱する部分（$2 \to 2'$ 部分）を除き T-s 線図上で垂線または水平線で表されるため，圧力があまり高くない限り長方形に近く，その熱効率はカルノーサイクルの熱効率に近い。図 3.4 は飽和ランキンサイクルとカルノーサイクルの理論熱効率を縦軸に，蒸気圧力（点 2, 2', 3' での圧力）を横軸にとって示したものである。この図からつぎの二つのことがわかる。

第一に，飽和ランキンサイクルの熱効率は蒸気圧力が低い間はカルノーサイ

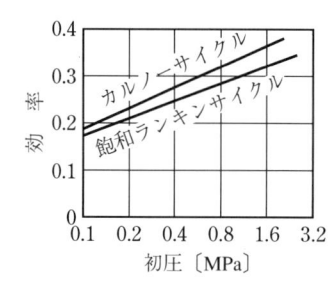

図 3.4 飽和ランキンサイクルの初圧と効率の関係（背圧は 4.24 kPa（30 ℃ の飽和圧力）（石谷清幹，浅野弥祐：新版熱機関通論，コロナ社（1978）より転載））

クルに近いが，高圧になるとカルノーサイクルから離れてくる。これは高圧になると給水加熱の部分（T-s線図上の斜めの部分，$2 \rightarrow 2'$部分）の影響が相対的に大きくなるためである。

第二に，飽和ランキンサイクルの理論熱効率は蒸気圧力を高くすることによって改善されることがわかる。そのため蒸気圧力は年々上昇を続け，現在の火力発電所ではタービン入口の圧力が25 MPa（超臨界圧力）のものも使われている。

一方，図3.2に見られるようにタービン出口の状態は，過熱蒸気のランキンサイクルで4の点にあったものが，飽和ランキンサイクルでは$4'$の点に移行し，飽和ランキンサイクルの湿り度が過熱蒸気の場合より高くなる。湿り度が高くなるとタービンの出口で水滴が多くなり，タービンの翼（羽根）を**侵食**するなどタービンに悪影響を及ぼすので，湿り度はタービン出口で13%以内に抑えることが必要とされている。過熱器を設置してタービン入口を過熱蒸気にするおもな理由はタービン出口の湿り度を減少させることにある。

先に見たようにランキンサイクルの熱効率を改善するためには**高圧化**が必要であるが，図3.2からもわかるように，蒸気圧力を高くすると図3.2の$2' \rightarrow 3'$の線が上方の$a \rightarrow b$に移る。過熱器出口蒸気の温度が同じ場合には，過熱器出口は3からcに，タービン出口は4からdに移り，タービン出口の湿り度が増加する。タービン出口の湿り度を一定の値以下に抑え，なおかつ高圧化により**熱効率改善**を図るためには過熱蒸気温度を上げる必要がある。そのため蒸気圧力が高圧化するのに伴なって過熱蒸気温度も**高温化**しているが，過熱蒸気温度の上限は過熱器やタービンの材料の許容温度で制限される。

以上に述べたランキンサイクルの効率改善の方向をまとめると
1) 高圧化，高温化。ただしタービン出口蒸気の湿り度を一定値以下に抑える。
2) サイクルの形をカルノーサイクルに近づける。このためにはT-s線図上で給水加熱部分を垂直線に近づける。

となる。

3.3.2 再熱サイクル

3.3.1項に見たように，熱効率を改善するためには，タービン出口の湿り度を一定値以下に抑えた状態で蒸気圧力を上げる必要があり，このためには過熱蒸気温度を上げる必要がある。一方過熱蒸気温度の上限は材料の許容温度で制限され，またT-s線図上の等圧線は過熱域で勾配が大きいため，温度をある程度以上に上げてもタービン出口の湿り度はそれほど少なくならない。

そこで図**3.5**と図**3.6**のようにタービンを二段に分け，過熱器から出た蒸気を一度で復水器圧力まで膨張させずに，まず一段目のタービンで中間点の圧力（図**3.6**の点4）まで膨張させ，それを全量ボイラに返した後，ボイラで再び点5まで加熱したのち二段目のタービンに入れ，そこで復水器圧力まで膨張させるとタービン出口（点6）の湿り度は少なくなる。このような方法により圧力を上げて熱効率を改善させながら，タービン出口の湿り度を低減させることができる。このサイクルを**再熱サイクル**（reheat cycle），一段目のタービンを**高圧タービン**，二段目のタービンを**低圧タービン**といい，高圧タービンの出口蒸気を再度加熱する装置を**再熱器**（reheater）という。

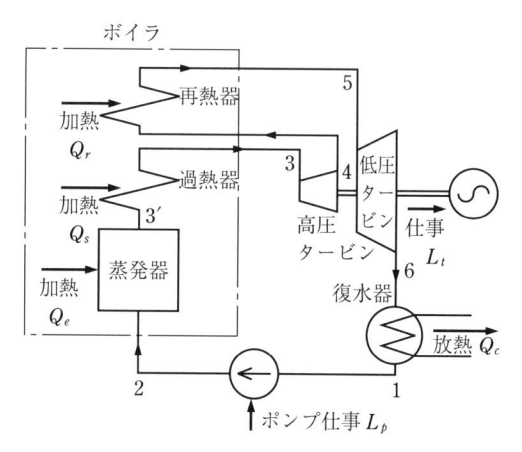

図 **3.5** 再熱サイクルの基本構成

再熱サイクルは図**3.6**のT-s線図上で$1 \to 2 \to 2' \to 3' \to 3 \to 4 \to 5 \to 6 \to 1$で表される。ここで$3 \to 4$と$5 \to 6$は高圧タービンと低圧タービンの膨張

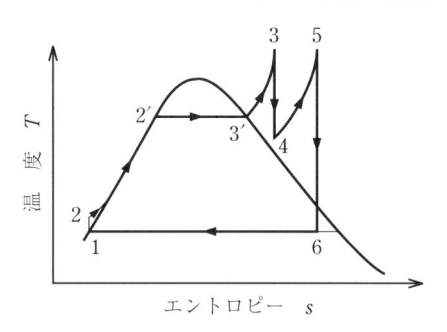

図 3.6 再熱サイクルの T-s 線図
（番号は図 3.5 と対応させている）

線で，タービンの損失を無視すると等エントロピー線になる。また $4 \rightarrow 5$ は再熱器における加熱線で等圧線である。

再熱サイクルの仕事量と加熱量，および理論熱効率は以下の式で計算される。

ボイラでの加熱量

  蒸発器 $2 \rightarrow 2' \rightarrow 3'$： $Q_e = W(h_{3'} - h_2)$ (3.4)

  過熱器 $3' \rightarrow 3$ ： $Q_s = W(h_3 - h_{3'})$ (3.5)

  再熱器 $4 \rightarrow 5$ ： $Q_r = W(h_5 - h_4)$ (3.12)

タービンで発生する仕事量

  高圧タービン $3 \rightarrow 4$： $L_{th} = W(h_3 - h_4)$ (3.6)

  低圧タービン $5 \rightarrow 6$： $L_{tl} = W(h_5 - h_6)$ (3.13)

再熱サイクルの理論熱効率 η_{RH} はポンプ仕事を無視すると式（3.14）で表される。

$$\eta_{RH} = \frac{\text{仕事量}}{\text{加熱量}} = \frac{L_{th} + L_{tl}}{Q_e + Q_s + Q_r} = \frac{h_3 - h_4 + h_5 - h_6}{h_3 - h_2 + h_5 - h_4} \tag{3.14}$$

以上は再熱を一回だけ行うもので**一段再熱サイクル**という。一段再熱ではまだタービン出口蒸気の湿り度が所定の値以下にならない場合には，タービンを高圧，中圧，低圧の三段に分け再熱を 2 回行う。これを**二段再熱サイクル**といい，蒸気圧力が超臨界圧力の場合に用いられている。

なお，2000年7月に営業運転を開始した電源開発（株）橘湾火力発電所（徳島県阿南市）の石炭火力蒸気プラントは，一基当りの出力が105万kW，主蒸気圧力25 MPa，主蒸気温度（過熱器出口蒸気温度）600 ℃，再熱器出口蒸気温度610 ℃（二段再熱）を達成した。この蒸気温度は現在の世界最高レベルである。

3.3.3 再生サイクル

ランキンサイクルの熱効率を上昇させる手段の一つとして**再生サイクル**（regenerative cycle）という方法がある。これは図 **3.7** に示すように，タービンでの膨張の途中（点6）から蒸気の一部を抜出し（これを**抽気**という），この蒸気でボイラの給水を加熱するもので，抽気蒸気で給水を加熱する装置を**給水加熱器**という。給水加熱器には蒸気と給水を直接混合させる**混合式**と，伝熱管等の金属隔壁を介して間接的に蒸気で給水を加熱する**表面式**がある。混合式の場合には給水加熱器に流入する給水は抽気の圧力以上でないと抽気の全量を凝縮できないので，給水加熱器の前に給水ポンプが必要である。一方，表面式の場合には抽気は給水加熱器で給水を加熱し終えた後，凝縮水となって復水器に戻る。図 **3.7** は混合式給水加熱器を使用した場合を示し，W は蒸気の

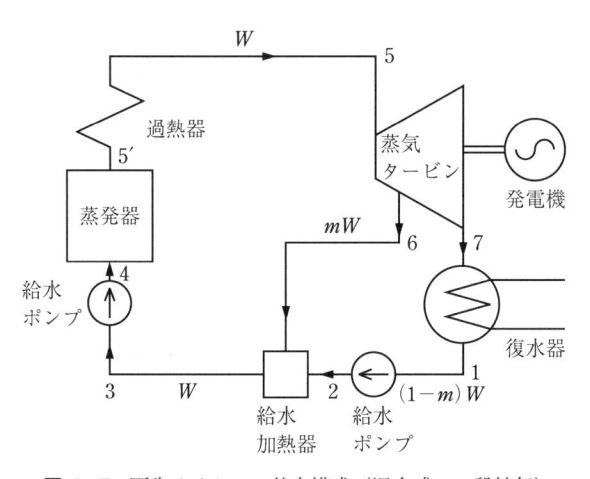

図 **3.7** 再生サイクルの基本構成（混合式，一段抽気）

全量，m は蒸気の全量に対する抽気量の割合である。

図 3.8 は混合式一段抽気再生サイクルの T-s 線図で，各記号は図 3.7 と対応している。以上の再生サイクルの熱計算を以下に示す。サイクルの各部を通る水・蒸気の量は図 3.7，図 3.8 で表されるので，水・蒸気の全量 $1\,\mathrm{kg}$ に対して

  ボイラでの加熱量（蒸発器＋過熱器） $q_B = h_5 - h_4$

  タービンでの仕事量 抽気前の高圧部 $l_{th} = h_5 - h_6$

         抽気後の低圧部 $l_{tl} = (1-m)(h_6 - h_7)$

  復水器での放熱量 $q_c = (1-m)(h_7 - h_1)$

である。

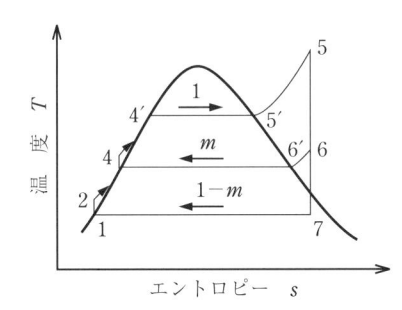

図 3.8 再生サイクルの T-s 線図（混合式，一段抽気）

また，給水ポンプの仕事を無視すると，$h_2 = h_1$，$h_3 = h_4$ である。
再生サイクルの理論熱効率は式（3.8）より

$$\eta_{RH} = \frac{\text{仕事量}}{\text{加熱量}} = \frac{l_{tb} + l_{tl}}{q_B} = \frac{h_5 - h_6 + (1-m)(h_6 - h_7)}{h_5 - h_4}$$

$$= 1 - \frac{\text{放熱量}}{\text{加熱量}} = \frac{q_c}{q_B} = 1 - \frac{(1-m)(h_7 - h_1)}{h_5 - h_4} \quad (3.15)$$

給水加熱器における熱バランスより

 $m(h_6 - h_3) = (1-m)(h_3 - h_2)$

したがって抽気量の割合 m は

$$m = \frac{h_3 - h_2}{h_6 - h_2} \quad (3.16)$$

再生サイクルはボイラと復水器の負荷を軽減し，タービン低圧部の蒸気流量

を抽気の分だけ減少させるためタービンの低圧部を小形化できるなどの利点があるほか，以下に示すようにサイクルの熱効率を向上させることができる。

いま抽気を行わない場合の理論熱効率を η_{RH0} とすると式 (3.15) において $m=0$ とおくと

$$\eta_{RH0} = 1 - \frac{h_7 - h_1}{h_5 - h_4} \tag{3.17}$$

また式 (3.16) を式 (3.15) に代入することにより

$$\eta_{RH} = 1 - \frac{(1-(h_3-h_2)/(h_6-h_2))(h_7-h_1)}{h_5-h_4}$$

$$= 1 - \frac{(h_6-h_3)(h_7-h_1)}{(h_5-h_4)(h_6-h_2)} \tag{3.18}$$

再生サイクルの理論熱効率（η_{RH}）と抽気しない場合（通常のランキンサイクル）の理論熱効率（η_{RH0}）の差を式 (3.18) と式 (3.17) より計算し，整理すると

$$\eta_{RH} - \eta_{RH0} = \frac{(h_7-h_1)(h_3-h_2)}{(h_5-h_4)(h_6-h_2)} \tag{3.19}$$

式 (3.19) 右辺の ( ) 内はいずれも正の値だから $\eta_{RH} > \eta_{RH0}$ になる。すなわち再生サイクルを行うことによって熱効率は上昇する。

演 習 問 題

【1】 ボイラで圧力 10 MPa，蒸発量 20 t/h の飽和蒸気を発生させるためには，1時間当りに水に加える熱量はいくらか。またその熱量の内で動力として有効に利用できる熱量の割合はいくらか。ただしボイラ入口の給水温度は 50 ℃，環境温度は 50 ℃とする。

【2】 蒸発器から出た圧力 10 MPa の飽和蒸気 20 t/h を過熱器で 500 ℃まで加熱する。過熱器で加えられる熱量はいくらか。またその熱量の内で動力として有効に利用できる熱量の割合はいくらか。環境温度は 50 ℃とする。

【3】 ボイラ圧力 10 MPa，復水器温度 50 ℃の飽和ランキンサイクル（図 **3.2** の 1 → 2 → 2′ → 3′ → 4′）における各点の（1）圧力，温度，（2）比エンタルピーとタービン出口の乾き度，（3）ボイラ（蒸発器）での加熱量，（4）ター

ビンの仕事量，（5）復水器での放熱量，（6）サイクルの理論熱効率，（7）蒸発器で蒸気が得た比エクセルギー量および蒸発器での加熱量との割合，および（8）復水器で放出する比エクセルギー量を計算せよ。

ただし，タービンでの損失はないものとし，給水ポンプの仕事量も無視する。また，各々の値は流体（水・蒸気）1 kg 当りとする。エクセルギーを計算する場合の環境条件は 0.1 MPa，50 ℃（復水温度）とする。

【4】【3】の状態からボイラに過熱器を付け，蒸気を 500 ℃まで過熱するとき，（1）過熱器出口蒸気の比エンタルピー（h_3），比エントロピー（s_3），（2）タービン出口の乾き度（x_4）と比エンタルピー（h_4），（3）過熱器での加熱量（q_s）とボイラ（蒸発器＋過熱器）での加熱量（q_e+q_s），（4）タービンの仕事量（l_t），（5）サイクルの理論熱効率（η_R），（6）過熱器で吸収した比エクセルギー量および過熱器での加熱量との割合を計算せよ。ただし過熱器を設置したこと以外は【3】と同じ条件で，各点の番号は図 **3.2** に従う。

【5】【4】の状態からタービンを高圧タービンと低圧タービンの二段に分け，高圧タービンの出口から蒸気を抜出し再熱し低圧タービンに戻す再熱サイクルにおいて，高圧タービン出口（図 **3.6** の点 4）蒸気圧力 p_4 を 2 MPa，再熱器出口（点 5）蒸気温度 T_5 を 450 ℃とするとき，（1）高圧タービン出口の温度（T_4）とエンタルピー（h_4），（2）再熱器出口のエンタルピー（h_5）とエントロピー（s_5），（3）低圧タービン出口（点 6）の乾き度（x_6）とエンタルピー（h_6），（4）再熱器での加熱量（q_r）とボイラでの全加熱量，（5）タービンでの仕事量（$l_{th}+l_{tl}$），（6）この再熱サイクルの理論熱効率（η_{RH}），（7）再熱器で吸収した比エクセルギー量および再熱器での加熱量との割合を計算せよ。ただし，再熱条件以外は【4】と同じ条件で，加熱量と仕事量は蒸気 1 kg 当りとする。また，各点の番号は図 **3.6** による。

4

ボ イ ラ

　水を加熱して所要の蒸気を発生させるものを**ボイラ**という。水の加熱には石油，天然ガス，石炭等の**化石燃料**を燃焼させる方法が最も広く用いられており，おのおの**油焚きボイラ**，**ガス焚きボイラ**，**石炭焚きボイラ**と呼ばれている。その他にガスタービンやディーゼル機関などの高温排熱を利用する**排熱ボイラ**，および廃棄物（ごみ）の燃焼熱を利用するもの**ごみ焼却ボイラ**などもある。ウランが核分裂をする際に発生する熱を利用して水を加熱・沸騰させる原子炉もまたボイラの一種である。

　ボイラの規模と能力は，蒸発量 100 t/h，圧力 10 MPa，過熱蒸気温度 510 ℃というように，ボイラで発生する蒸気量と発生蒸気の圧力および温度で表される。

　ボイラの用途としては発電用，船の推進用および一般の工場での加熱，乾燥，反応などに利用される。**発電用ボイラ**としては**自家発電用ボイラ**と火力発電所に設置される**事業用ボイラ**があり，前者は蒸発量が数十 t/h，圧力が数 MPa，後者は蒸発量が数百〜数千 t/h，圧力が 10〜25 MPa，過熱蒸気温度は 500 ℃から最近では 600 ℃以上の高温高圧大容量ボイラが用いられている。船の推進用のボイラは**舶用ボイラ**といい，蒸発量が数十 t/h，圧力が 5〜12 MPa，過熱蒸気温度は 500 ℃前後の中圧中容量ボイラである。工場用の蒸気としては蒸発量 0.5〜10 t/h，圧力 0.1〜1 MPa 程度の低圧小容量ボイラが用いられる。

　本章ではボイラの分類と構造，およびボイラの性能について説明する。

4.1　ボイラの分類と構造

　ボイラをその基本的任務である蒸気の発生という見地から分類すると，**丸ボ**

イラ（cylindrical boiler），**循環ボイラ**（circulation boiler）と**貫流ボイラ**（once through boiler）に分類される。このうち循環ボイラと貫流ボイラは**伝熱面**（燃料の燃焼などによる熱を水に伝える部分）が水管で構成されるため，**水管ボイラ**（water tube boiler）という。以下では各ボイラの特徴と構造について説明する。

4.1.1 丸 ボ イ ラ

図 **4.1** に模式的に示すように，保有水がすべて**胴**または**ドラム**という容器の中に保有されており，伝熱面が常に水に浸っているボイラを丸ボイラという。このボイラではドラム内の水面を適性に保っている限り，伝熱面が水から露出して過熱・焼損することはなく，最も古くから使われており，現在でも低圧・小容量用のボイラとして，工場の雑用蒸気用として多く用いられている。

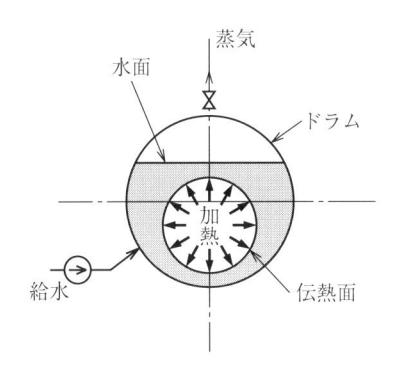

図 4.1 丸ボイラ模式図

丸ボイラには**炉筒ボイラ**，**煙管ボイラ**，および**炉筒煙管ボイラ**がある。

炉筒ボイラは図 **4.2** に示すように，ボイラドラムの中に燃焼ガスを流す**炉筒**（flue tube）があり，燃焼ガスの熱は炉筒の壁（伝熱面）を通してドラム内の水を加熱し，蒸気を発生させる。炉筒から出たガスは煙道を通り外に排出される。ドラムの内径が 1 000 ～ 1 500 mm であるのに対し，炉筒の内径は 500 ～ 800 mm 程度である。ドラムの内部の炉筒が 1 本のボイラを**コルニッシュボイラ**（Cornish boiler），2 本のものを**ランカシャボイラ**（Lancashire boiler）といい，戦前は代表的なボイラであったが最近はあまり作られていない。

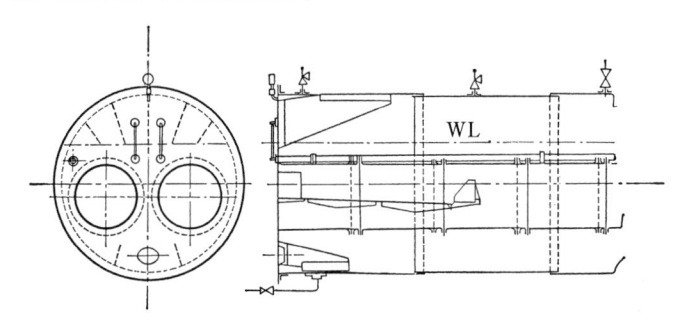

日本ボイラ協会制定の標準寸法は，内径 2 150 ～ 2 450 mm，長さ 8 500 mm，伝熱面積 74 ～ 84 m²，最高使用圧力 0.8 ～ 1.1 MPa

図 **4.2** 炉筒ボイラ（ランカシャボイラ）（石谷清幹，浅野弥祐：新版熱機関通論，コロナ社（1978）より転載）

煙管ボイラは図 **4.3** に示すように，ドラム，煙管と煙道から構成されている。これはドラムの中に内径が 100 mm 程度の煙管を多数設け，煙管の中に高温の燃焼ガスを流しドラム内の水を加熱・蒸発させるもので，炉筒ボイラに比べて伝熱面積（熱を伝える部分の面積）を大きくとることができるため，蒸発量を増加できる。これは横置き多管ボイラとして現在でも数多く作られている。また図 **4.4** に示すように，炉筒の後部や周囲に多数の煙管を設けた炉筒煙管ボイラも広く用いられている。

丸ボイラはドラムの中に保有される水量が多いため，起動時間が長くなる反

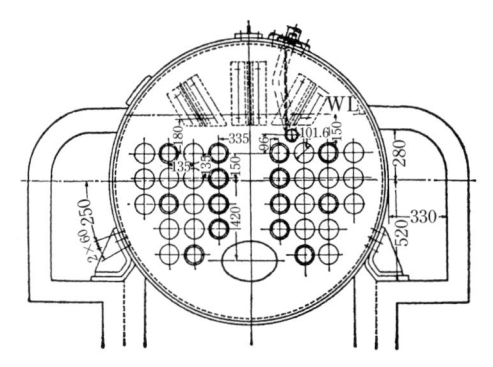

日本ボイラ協会制定の標準寸法は，内径 1 050 ～ 2 150 mm，長さ 2 462 ～ 3 694 mm，伝熱面積 17 ～ 139 m²，最高使用圧力 0.95 MPa

図 **4.3** 煙管ボイラ（横置多管ボイラ）（石谷清幹，浅野弥祐：新版熱機関通論，コロナ社（1978）より転載）

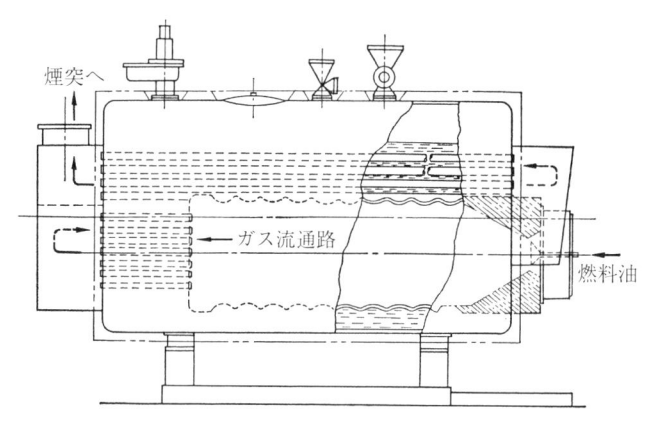

図 4.4 炉筒煙管ボイラ（石谷清幹，浅野弥祐：
新版熱機関通論，コロナ社（1978）より転載）

面，取り出し蒸気量の変化に対する圧力の変化が緩やかであり，燃焼量の制御が容易である。

4.1.2 水管ボイラ

多数の径の小さな水管（内径 25〜70 mm 程度）の中に水を流し，水管の外壁を加熱することにより水管内の水を蒸発させて蒸気を発生させるものを水管ボイラといい，水を流す方法によって**図 4.5** のように大別される。

$$\text{水管ボイラ} \begin{cases} \text{循環ボイラ} \begin{cases} \text{自然循環ボイラ} \\ \text{強制循環ボイラ} \end{cases} \\ \text{貫流ボイラ} \end{cases}$$

図 4.5 水管ボイラの分類

〔1〕 **循環ボイラ**　循環ボイラは**図 4.6** に模式的に示すように，上下のドラムの間に多数の水管を接続し，水管外部で燃焼により発生した熱を水管内の水に伝え，水管内の水を蒸発させるとともに，上下ドラムの間で循環するようにしたものである。上部ドラムを**蒸気ドラム**または**気水ドラム**，下部ドラムを**水ドラム**と呼ぶ。

水管内の**水循環**はつぎのようにして行われる。水管内の水は外部から加熱さ

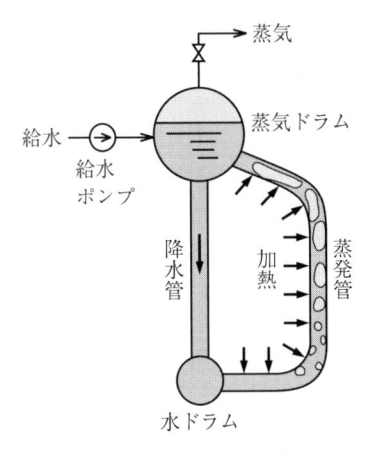

図 4.6 自然循環ボイラ模式図

れて気泡を発生することにより浮力が働き，比重が小さくなる。加熱の有無または大小により水管内の気泡の発生量に差異が生じることにより水の比重が異なり，水管内の水が循環する。すなわち加熱の少ない水管内の水は気泡の発生が少ないため比重は大きくなり下向きに流れるのに対し，加熱の大きいものは気泡の発生が多いため比重は小さくなり上向きに流れる。蒸気の発生が少なく水が下向きに流れる管を**降水管**，蒸気の発生が多く水が上向きに流れる管を**蒸発管**という。循環の経路を明確にするため，降水管は加熱しない場合が多い。

蒸気を含んだ水は蒸発管から上部の蒸気ドラムに入った後，蒸気ドラム内で蒸気と水が分離され，蒸気はドラムから過熱器またはボイラの外に取り出され，水は降水管から下部の水ドラムに入り，再び多数の蒸発管に分配される。蒸気ドラムから取り出された蒸気量に相当する水が蒸気ドラム内に給水される。

図 4.6 のように気泡の浮力だけで水循環を行うものを**自然循環ボイラ**（natural circulation boiler）といい，水循環の経路にポンプを入れ，気泡による浮力と循環ポンプの力で水循環を行うものを**強制循環ボイラ**（forced circulation boiler）という。

水の循環が悪ければ水管内の水の乾き度が高くなりすぎ，条件によっては水管が過熱され破裂する危険がある。水管の健全性を保つためには水の循環をあらかじめ十分に確保しておく必要がある。

水管ボイラは蒸発管を自由に増加できるから，さまざまな規模のボイラに使用され，循環ボイラでは蒸発量が数 t/h 〜 数百 t/h の中および大容量用に適用されている。

〔2〕**貫流ボイラ**　3 章で述べたようにランキンサイクルの熱効率は蒸

気圧力が高いほど高くなるが，蒸気圧力を臨界圧力以上にすると蒸気と水の区別がなくなり，循環ボイラに設置されていた気水ドラムが意味をなさなくなる。図 4.7 のように循環ボイラから上下ドラムを取り去り，長い水管の一端から給水ポンプで水を挿入し，順次加熱して蒸発させ，他端から過熱蒸気として取り出す方式のボイラを**貫流ボイラ**という。

貫流ボイラは高温・高圧・大容量ボイラに適用されており，特に**超臨界圧ボイラ**になると貫流ボイラしか適用できない。

貫流ボイラは厚肉のドラムがなく，蒸発量当りの保有水量も少ないので，起動時間が短い反面，取り出し蒸気量の変化に対する圧力の変化が大きくなるため，圧力の制御に十分注意を払う必要がある。またドラムがなく保有水量が少ないので事故時の被害がドラムボイラよりも小さいと予想されることから，ボイラとしての法規上の規制もドラムボイラより緩く，蒸発量が数 t/h 以下の小形ボイラにも数多く使用されている。

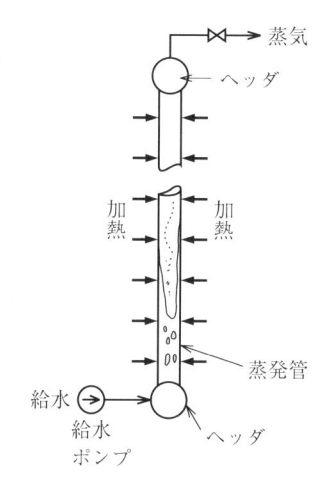

図 4.7 貫流ボイラ模式図

4.1.3 水管ボイラの構造

図 4.8 に示す舶用の自然循環ボイラを例にとり，水管ボイラの構造について説明する。このボイラは 2 胴水管式の油焚きボイラ（上下に二つのドラムを持つ油を燃料とした水管ボイラ）で，蒸発管，過熱器および節炭器が設置されている。

本ボイラの構造の中で水・蒸気の経路に関係する部分は，上部ドラム（気水ドラムまたは蒸気ドラム，⑦），下部ドラム（水ドラム，⑧），蒸発管，降水管のほかに**過熱器**④ および**節炭器**（economizer）⑥ などで構成される。過熱器は蒸気ドラムから出た飽和蒸気を飽和温度以上に加熱する管で，一般に燃焼ガス温度の高い部分に設けるが，あまり強い熱を受けると管が高温になり損傷

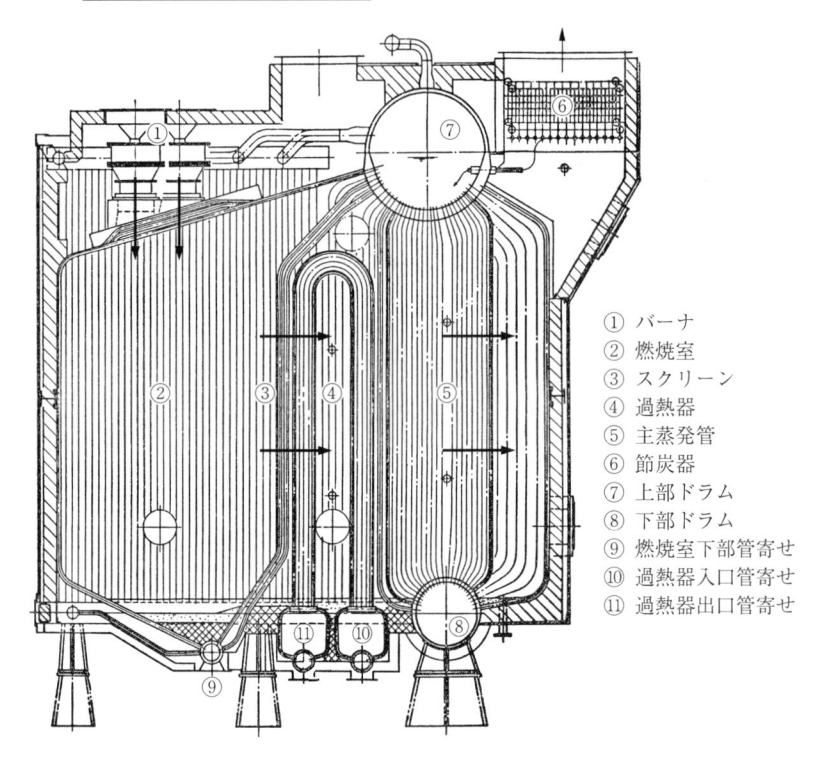

① バーナ
② 燃焼室
③ スクリーン
④ 過熱器
⑤ 主蒸発管
⑥ 節炭器
⑦ 上部ドラム
⑧ 下部ドラム
⑨ 燃焼室下部管寄せ
⑩ 過熱器入口管寄せ
⑪ 過熱器出口管寄せ

33 MW タービン用，最大/常用蒸発量 78/70 t/h，過熱器出口で 6.18 MPa，515 ℃，川崎重工業会社製 UMG 型

図 **4.8** 舶用自然循環ボイラ（川崎重工業（株）提供）

するので，それを避けることも必要である．また節炭器はボイラに入る給水をボイラの排ガスで加熱する管で，ボイラ排ガスの温度を下げることにより**ボイラ効率**を上げる役目を果たしている．

　燃焼および燃焼ガスに関係する部分としては，**空気予熱器**，バーナ①，**燃焼室**②，および燃焼ガスの対流によって熱を水に伝える**対流伝熱部**④，⑤などがある．空気予熱器は燃焼用の空気をボイラの排ガスで加熱する熱交換器で，ボイラの排ガス温度を下げることによりボイラ効率を上げるために設置されたものである．バーナは燃料と空気を効率よく混合し良好な燃焼状態を実現させるものであり，燃焼室は燃料を燃焼させる空間を形成する室である．燃焼

室の周壁は最も強く熱を受けるところで，**図4.9**のように蒸発管を配置するとともにその外側を保温材で覆っている．従来は図(a)のように蒸発管の間に隙間をつけていたため管の外側にレンガを配置していたが，最近では管を隙間なしに配置する**スキンケーシング構造**（図(b)）やフィン付き蒸発管で構成される**メンブレンウォール構造**（図(c)）が用いられている．

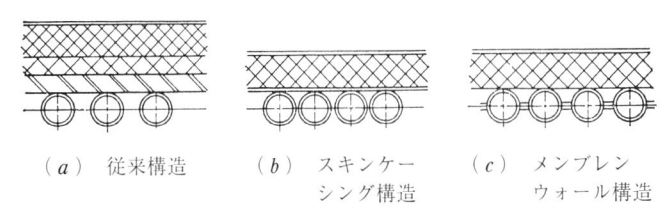

(a) 従来構造　　(b) スキンケーシング構造　　(c) メンブレンウォール構造

メンブレンウォール構造の場合は，溶接で1枚板同様に作るので，背後に高温ガスが侵入せず保温材を直接使用できる

図4.9 ボイラの水壁構造

図4.8の例ではバーナが燃焼室の上部に設置され，そこで油と空気予熱器で暖められた空気が混合して燃焼室の中で燃焼し，火炎を形成する．燃焼室の周壁はメンブレン構造になっており，主として火炎による放射で蒸発管内の水を蒸発させる．燃焼室を出た燃焼ガスは，スクリーン（過熱器が直接放射を受けないように設置された2～3列の蒸発管群），過熱器，主蒸発管および節炭器を通り，対流とガスの放射により水または蒸気を加熱し，最後に空気予熱器で燃焼用空気を加熱した後，**煙突**から排出される．

給水は節炭器で予熱された後，上部にある蒸気ドラムに入る．循環水は蒸気ドラムから降水管を経て下部の水ドラムまたは燃焼室下部管寄せに入り，そこから蒸発管に分配され加熱されて蒸気を発生し，気水混合物となって蒸気ドラムに入る．蒸気ドラムで水と蒸気（ほぼ乾き飽和蒸気）に分離され，水は降水管に，蒸気は過熱器入口の**管寄せ**（header）に入る．蒸気は管寄せから逆U字型の過熱器に分配され，過熱された後出口管寄せから取り出される．

以上は自然循環ボイラの例であるが，強制循環ボイラの場合には降水管の下部に循環ポンプが設置されていること，また貫流ボイラでは上下ドラムと降水

管がないこと以外の基本的な構成は自然循環ボイラと同じである。

図 **4.10** に超臨界圧の貫流ボイラの一例を示す。ここで水は節炭器①, 蒸発器② を経て**気水分離器**（steam separator）⑪ で蒸発器出口の若干の水分を分離した後, 第一過熱器③〜最終過熱器⑦ を経てタービンの高圧段に入る。このボイラは二段再熱プラント用のもので, 蒸気タービンの高圧段で仕事をした蒸気は**第一再熱器**⑧ で再熱された後, 中圧段で仕事をし, さらに中圧段を出て**最終再熱器**⑨ で再熱され低圧段に入る。

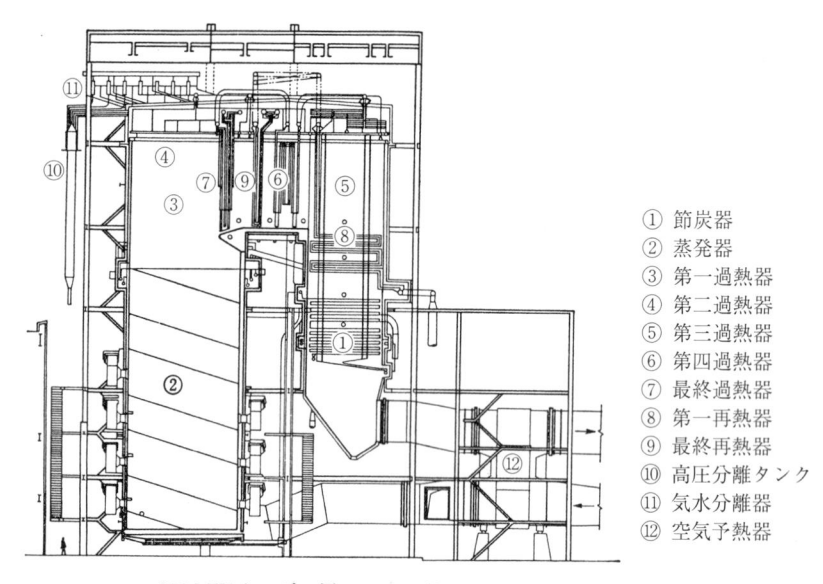

350 MW タービン用, 1 200 t／h, 25.4 MPa, 543／543 ℃,
（過熱蒸気温度／再熱蒸気温度）

① 節炭器
② 蒸発器
③ 第一過熱器
④ 第二過熱器
⑤ 第三過熱器
⑥ 第四過熱器
⑦ 最終過熱器
⑧ 第一再熱器
⑨ 最終再熱器
⑩ 高圧分離タンク
⑪ 気水分離器
⑫ 空気予熱器

図 **4.10** 貫流ボイラ（川崎重工業（株）提供）
（火力発電所用超臨界変圧運転用）

燃料は蒸発器が配置されている空間すなわち燃焼室で燃焼する。自然循環ボイラの場合と同様に, 燃焼室の周壁は火炎の放射を最も強く受け強熱されるが, 水は蒸発部分が最も熱を伝えやすいため, 蒸発伝熱面がこの部分に配置されている。燃焼室を出た高温の燃焼ガスは過熱器, 再熱器に入り, 温度を低下させつつ節炭器, 空気予熱器を経て煙突から排出される。

なお，超臨界圧ボイラでは厳密には蒸発伝熱面がなくなることになるが，臨界温度近傍で液相部と気相部の間に**移行部**が存在し，移行部の液相側は水に似た性質を，気相側は過熱蒸気に似た性質をもつ。そして移行部より気相側（過熱蒸気側）では，圧力が臨界圧力以下（これを**亜臨界圧**という）の場合と同様に伝熱性能が悪く，不純物も溜まりやすい。図 *4.10* で蒸発器②というのは水の温度が臨界温度以下の液相側の部分を指しており，最も熱負荷の高い燃焼室に配置されるのに対し，過熱器はそれよりも熱負荷の低いところに配置されている。

4.2 ボイラの性能

4.2.1 ボイラの規模と能力

ボイラの規模と能力は一般に，**連続最大負荷**における蒸発量，蒸気の**最高使用圧力**および**最高蒸気温度**で表される。最高使用温度は過熱器や再熱器を有するボイラでは，それらの出口蒸気温度でそれぞれ表される。3 110 t/h，25.0 MPa，543/568 °C と表示されるボイラは，連続最大負荷時の蒸発量が 3 110 t/h，最高使用圧力 25.0 MPa，過熱器出口蒸気温度 543 °C，および再熱器出口蒸気温度 568 °C のボイラであることを示す。

ボイラに加えられる熱量に着目した表示としては**換算蒸発量，伝熱面熱負荷，燃焼室熱発生率**などがある。

〔1〕 **換算蒸発量** ボイラに加えられた熱量を蒸発量の形で表したものを換算蒸発量（または相当蒸発量）といい，ボイラの規模を示す指標の一つである。これはボイラに加えられた熱量により，100 °C の飽和水から同温度の乾き飽和蒸気を得る場合に発生する蒸気量で，発生蒸気の比エンタルピーを h_2 〔kJ/kg〕，給水の比エンタルピーを h_1 〔kJ/kg〕，蒸発量を W_b 〔kg/h〕とすると，100 °C における蒸発潜熱は 2 257 kJ/kg であるから，換算蒸発量 W_e 〔kg/h〕は次式で計算される。

$$W_e = \frac{W_b(h_2 - h_1)}{2\,257} \tag{4.1}$$

なお,発生蒸気の比エンタルピー h_2 は過熱器がある場合はその出口における値,給水の比エンタルピー h_1 は節炭器がある場合にはその入口における値である。

〔2〕 **伝熱面熱負荷と伝熱面換算蒸発率**　ボイラ伝熱面の単位伝熱面積当りに加えられた平均的な熱量を伝熱面熱負荷といい,伝熱面に加えられる熱の平均強度を表す。伝熱面負荷が高いほどボイラは小形化するが,高すぎると伝熱面すなわち水管が焼損する恐れがある。

伝熱面熱負荷 H_e〔kJ/m²h〕は,ボイラの伝熱面積を A_b〔m²〕とすると式（4.2）で表される。

$$H_e = \frac{W_b(h_2 - h_1)}{A_b} \tag{4.2}$$

また単位伝熱面積当りの換算蒸発量を換算蒸発率または単に蒸発率 B_e〔kg/m²h〕といい,式（4.3）で表される。

$$B_e = \frac{W_e}{A_b} \tag{4.3}$$

各種ボイラにおける蒸発率の値を**表 4.1** に示す。

表 4.1　各種ボイラの蒸発率

ボイラの種類	蒸発率〔kg/m²h〕
煙管ボイラ	20 ～ 30
炉筒煙管ボイラ	60 ～ 90
水管ボイラ（パッケージ式）	60 ～ 90
水管ボイラ（中容量）	40 ～ 90
水管ボイラ（大容量）	50 ～ 200

〔3〕 **燃焼室熱発生率**　燃焼室内で発生する熱量を燃焼室の体積で割った値を,燃焼室熱発生率または**燃焼室負荷**という。これも燃焼室内の熱の強度を表す指標の一つで,この値が大きいほど燃焼室が小形化されるが,伝熱面熱負荷も大きくなるため,燃焼室を構成している水管の焼損に注意する必要がある。

燃焼室内で発生する熱量としては，燃料の発熱量のほかに，燃料や空気の顕熱など燃焼室に投入されるすべての熱量を含む．いま1時間当りの燃料の使用量を，液体または固体燃料の場合 G_f〔kg/h〕，気体燃料の場合 L_f〔m³ₙ/h〕とし，それらの燃料の低位発熱量をおのおの H_l〔kJ/kg または kJ/m³ₙ〕，燃料や空気が燃焼室内に持ち込む顕熱をおのおの Q_s〔kJ/kg または kJ/m³ₙ〕とし，燃焼室の体積を V_c とすると，燃焼室熱発生率 q_v は次式で表される．

液体または固体燃料では
$$q_v = \frac{G_f(H_l+Q_s)}{V_c} \qquad (4.4\text{-}1)$$

気体燃料では
$$q_v = \frac{L_f(H_l+Q_s)}{V_c} \qquad (4.4\text{-}2)$$

燃焼室熱発生率と燃焼室の伝熱面熱負荷の概略値を，ボイラの燃焼方式に対して**表4.2**に示す．

表4.2 燃焼室熱発生率と伝熱面熱負荷

ボイラ	燃焼方式		燃焼室熱発生率〔MJ/m³h〕	燃焼室における伝熱面熱負荷〔MJ/m²h〕
水ボイラ	石炭ストーカ焚き		700〜1500	900〜1500
	微粉炭焚き		350〜850	600〜1300
	ガス焚き		600〜1700	650〜2000
	油だき	パッケージボイラ	2000〜5500	850〜2000
		陸用ボイラ	850〜3000	850〜2000
		舶用ボイラ	2000〜3500	1000〜1800
丸ボイラ	石炭焚き		850〜2000	—
	油焚き		2000〜4000	—

4.2.2 ボイラ効率と各種損失

ボイラは燃料を燃焼させて水から蒸気を発生させるものであるから，ボイラ効率 η_b は水・蒸気が吸収した熱量 Q_b と燃料の発熱量 G_fH_l との比で表される．

$$\eta_b = \frac{Q_b}{G_fH_l} \qquad (4.5)$$

ここで，水・蒸気が吸収した熱量 Q_b は，給水入口のエンタルピー h_1, 発生

蒸気出口のエンタルピー（過熱器を持つボイラでは過熱器出口蒸気のエンタルピー）を h_2，蒸発量を W_b とすると

$$Q_b = W_b(h_2 - h_1) \tag{4.6-1}$$

また，再熱器を持つボイラでは，再熱器入口の蒸気エンタルピーを h_{r1}，出口蒸気のエンタルピーを h_{r2}，再熱器を通る蒸気量を W_r とすると，再熱ボイラで蒸気・水が吸収する量 Q_b は

$$Q_b = W_b(h_2 - h_1) + W_r(h_{r2} - h_{r1}) \tag{4.6-2}$$

つぎに，ボイラでの損失のおもなものとしては図 **4.11** に示すように，**燃焼損失** L_c〔kJ/h〕，**排ガス損失** L_e〔kJ/h〕と炉壁などからの**放熱損失** L_r〔kJ/h〕が挙げられる。ボイラで吸収する熱量 Q_b はボイラの損失との関係で式（4.7）で表される。

$$Q_b = G_f H_l - (L_c + L_e + L_r) \tag{4.7}$$

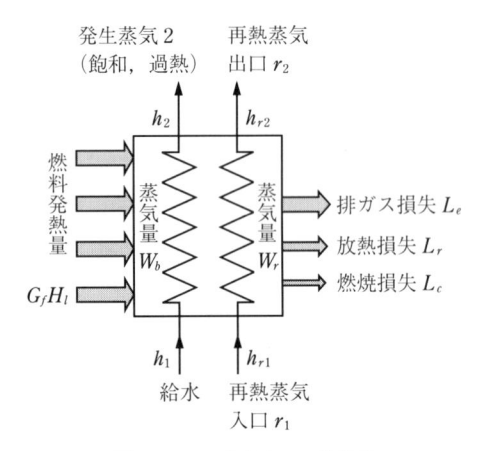

図 **4.11** ボイラでの熱勘定

したがって，ボイラ効率の式（4.5）は式（4.8）のようにも表すこともできる。

$$\eta_b = 1 - \frac{L_c + L_e + L_r}{G_f H_l} \tag{4.8}$$

燃焼損失 L_c には燃料の不燃焼分によるよる損失（**未燃損失**），すすによ

る損失および不完全燃焼による損失などがある。**燃焼効率** η_c は式 (4.9) で表され，0.85〜0.99 程度の値である。

$$\eta_c = 1 - \frac{L_c}{G_f H_l} \tag{4.9}$$

排ガス損失 L_e は排ガスがボイラ出口（煙突）から持ち去る熱量で，ボイラの損失の中で最も大きく，式 (4.10) で表される。

$$L_e = V_g(c_g t_g - c_0 t_0) \tag{4.10}$$

ここで，c_g，c_0 は排ガス温度および大気温度における排ガスの比熱〔kJ/(m³$_N$·K)〕，t_g と t_0 はボイラ出口排ガス温度と大気温度〔℃〕，V_g はガスの流量〔m³$_N$/h〕である。

排ガス温度を 10 ℃下げるとボイラ効率は約 0.5 ％改善される。排ガス出口が蒸発管の場合には，排ガス温度を蒸気の飽和温度より低くできないため，排ガス出口部に節炭器や空気予熱器などを設けて，排ガス温度を下げて，ボイラ効率を上げる工夫がなされている。一方，石炭や重油燃料を使用する場合には燃焼ガス中の硫酸による腐食が問題になるため，伝熱面温度を硫酸の露点温度以上にする必要があり，この面からも排ガス温度が制限される。以上を考慮して，通産省（現 経済産業省）が省エネルギー対策の指針として与えた排ガス温度の標準値を**表 4.3** に示す。また，各種ボイラのボイラ効率の値を**表 4.4**に示す。

表 4.3 標準排ガス温度

区　分		標準排ガス温度〔℃〕			
		固体燃料	液体燃料	気体燃料	
					副生ガス
電気事業用		145	145	110	200
その他	蒸発量>30 t/h	200	200	170	200
	30 t/h≧蒸発量>10 t/h	—	200	170	—
	蒸発量≦10 t/h	—	320	300	—

4. ボイラ

表4.4 各種ボイラのボイラ効率

ボイラの種類	ボイラ効率〔％〕
煙管ボイラ	65～75
炉筒煙管ボイラ	80～88
水管ボイラ（パッケージ式）	80～89
水管ボイラ（中容量）	83～91
水管ボイラ（大容量）	85～92

演 習 問 題

【1】 丸ボイラの長所と短所を水管ボイラと比較して述べよ。

【2】 自然循環ボイラにおいて水循環が生じる理由を考えよ。

【3】 超臨界圧ボイラとしては貫流ボイラしか適用できないのはなぜか。

【4】 水管ボイラにおいて燃焼ガスの流路の下流側に節炭器や空気予熱器を設置する理由を述べよ。

【5】 循環ボイラにおける蒸気ドラムの役割を考えよ。

【6】 給水温度 30 ℃，蒸気出口温度 550 ℃（過熱蒸気），蒸気圧力 10 MPa，蒸発量 100 t/h，伝熱面積が 1 000 m² のボイラについて
(1) 換算蒸発量と伝熱面熱負荷および換算蒸発率を計算せよ。
(2) ボイラ効率が 85 ％ のとき燃料消費量を計算せよ。ただし燃料の低位発熱量を 40 MJ/kg とする。
(3) 燃焼室に持ちこむ燃料と空気の顕熱の合計を，燃料 1 kg 当りに 1 000 kJ/kg とし，燃焼室の容量が 150 m³ のとき，燃焼室熱発生率を計算せよ。

【7】 ボイラ効率が 85 ％ のボイラを設計するとき，排ガス温度をいくらにすればよいか。ただし，燃焼損失の割合を 2 ％，放熱損失の割合を 3 ％ とし，燃料 1 kg$_{fuel}$ 当りの排ガス量を 14.2 m³$_N$/kg$_{fuel}$，燃料の低位発熱量を 44 MJ/kg$_{fuel}$，燃焼ガスの比熱を 1.4 kJ/(m³$_N$・K)，大気温度を 20 ℃ とする。またこのボイラの排ガス温度を 10 ℃ 下げるとボイラ効率は何％向上するか。

5

蒸気タービン

　蒸気を用いた原動機としては，往復動容積形の**蒸気機関**と回転・速度形の**蒸気タービン**がある．蒸気タービンは，蒸気の持つ熱エネルギーを**ノズル**で運動エネルギーに変換し，さらに**回転翼**で機械的仕事に変換するもので，蒸気機関に較べて大容量に適しており，効率も高いため，現在は蒸気原動機の主流になっている．

　本章では，まず5.1項で蒸気タービンの概要すなわち熱落差，段，および蒸気タービンの種類について述べた後，5.2項で蒸気タービンの作動原理すなわち，速度三角形と線図仕事，翼でのエネルギー変換，および蒸気タービンの効率と損失について述べ，最後に5.3項で蒸気タービンの構造について説明する．

5.1 蒸気タービンの概要

　蒸気タービンは，図5.1または図5.2に示すように，固定された**ノズル**（nozzle）または静翼内で，蒸気圧力を降下させることにより発生させた高速の蒸気を，動翼すなわち回転翼に入れ，機械的仕事を行うものである．この圧力降下が**熱落差**（すなわちタービン出入口間のエンタルピー差）に対応する．動翼のことを**ブレード**（blade）または**羽根**ともいう．固定された静翼と，ロータと一体になって回転する動翼の一組を**段**（stage）といい，タービンの最も基本的な要素である．一般に圧力降下すなわち熱落差が大きい場合には，蒸気タービンは多数の段で構成される．

　図5.3は段における蒸気の状態変化をh-s線図（エンタルピー - エントロ

50　5．蒸気タービン

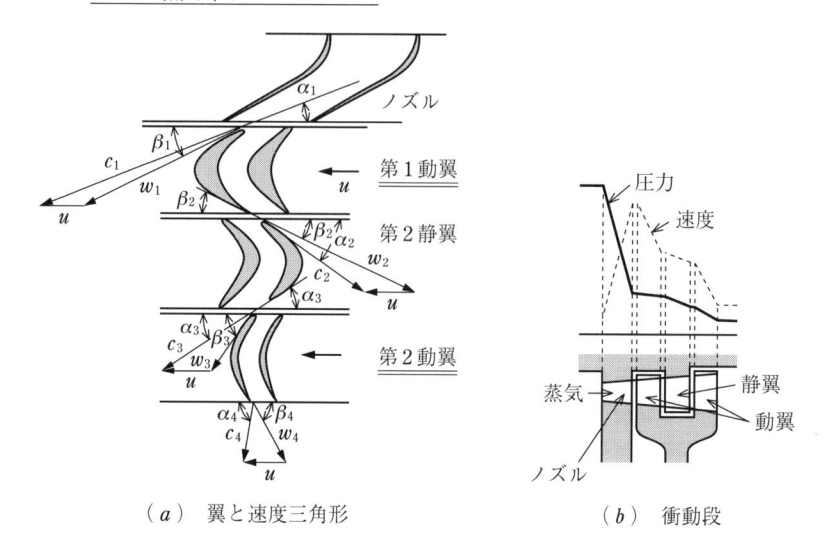

(a) 翼と速度三角形　　(b) 衝動段

図 5.1 衝動段（カーチス段）の速度三角形と圧力，速度の変化

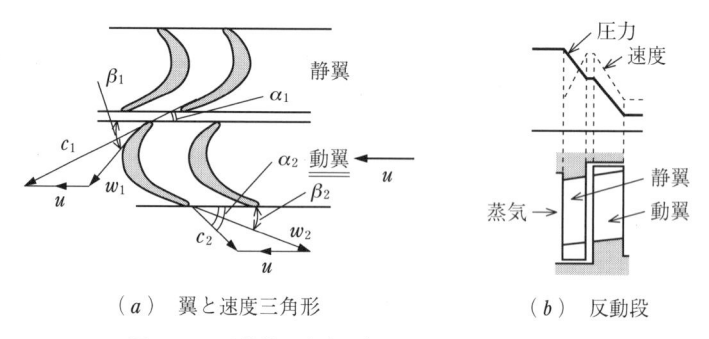

(a) 翼と速度三角形　　(b) 反動段

図 5.2 反動段の速度三角形と圧力，速度の変化

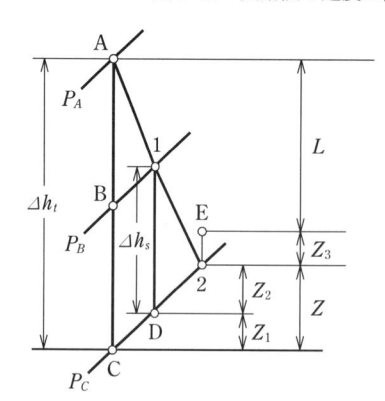

反動度 $r = \dfrac{\Delta h_s}{\Delta h_t} \fallingdotseq \dfrac{\text{BC}}{\text{AC}}$

図 5.3 段における蒸気の状態変化（$h\text{-}s$ 線図）と反動度 r

ピー線図）により示したもので，静翼入口の状態を点 A，エンタルピーを h_A，動翼出口の状態を点 2，エンタルピーを h_2 とすると，$h_A - h_2 = \Delta h_t - Z$ が h-s 線図上の有効熱落差に相当し，有効熱落差から動翼出口の蒸気の運動エネルギー（Z_3）を引いたものが有効仕事（L）に等しくなる．翼内で損失のない場合には，静翼入口と動翼出口の間の変化は等エントロピー変化 AC で，そのときの熱落差 Δh_t を断熱熱落差という．Z は動翼や静翼における摩擦やうずによるエネルギー損失を表し，蒸気速度と動翼の周速度の比や，翼の型により左右される．

 図 **5.3** において，段全体で圧力が p_A から p_C まで下がるとき，静翼出口では中間の p_B まで膨張させ，残りの p_B から p_C までを動翼で膨張させる場合，動翼での断熱熱落差（動翼入口と出口のエンタルピー差）Δh_s と段全体の断熱熱落差 Δh_t の比 $r = \Delta h_s / \Delta h_t$ を**反動度**（degree of reaction）という．反動度が 0 の場合を**衝動段**（impulse stage），それ以外を**反動段**（reaction stage）と呼んでいる．

 代表的な衝動段である**カーチス段**（Curtis stage）の翼，構造と蒸気圧力および速度の変化を図 **5.1** に示す．カーチス段はノズルで発生した速度エネルギーを 2 回以上に分けて仕事に変換するもので，図は二速度段衝動タービンの例である．多段の衝動タービンとしては，カーチス段のように，圧力一定の下で，蒸気速度を段毎に変化させる速度複式段と，後段に進むに従い圧力を順次低下させる**圧力複式段**（ツェリー段（Zoelly stage）ともいう）がある．さらに段数が一段の衝動タービンを単式衝動タービンまたは**ドラバルタービン**（De Laval turbine）といい，比較的小容量用として用いられている．

 図 **5.2** は反動段の例である．図 **5.1**（b）と図 **5.2**（b）に見られるように，衝動段では蒸気の圧力降下は大部分がノズルで発生し，動翼ではほぼ圧力が一定なのに対し，反動段では動翼内でも圧力降下があり，蒸気が膨張しつつ仕事をする．衝動段は動翼前後の圧力差が小さく，蒸気を部分的に流入させることも可能なことから，タービンの初段および高圧段に使用され，低圧段に進むにしたがい反動度を高くすることが多い．

衝動段と反動段を比べると，反動段のほうが効率は高いが，一段で消化し得るエネルギー（熱落差）は小さい。

タービンの全段または大部分の段を反動段によって構成されるものを**反動タービン**（reaction turbine）といい，衝動段のみで構成されるものを**衝動タービン**（impulse turbine）という。前述のように多段タービンでは高圧段には衝動段を使用し，低圧段に進むにしたがい反動度を高くすることが多く，衝動段と反動段が混在している。

反動度が 0.5，すなわち静翼中と動翼中での熱落差が等しい反動タービンを，**パーソンスタービン**（Parsons turbine）という。このタービンは静翼と動翼の翼形が等しくなっている。

以上はいずれも，蒸気がロータの軸方向に流れる**軸流タービン**であるが，そのほかの反動タービンとして，蒸気が半径方向に流れる**輻流タービン**（半径流タービン）がある。**ユングストロームタービン**（Ljungstrom turbine）または**スタールタービン**（Stall turbine）は輻流タービンの代表的なもので，始動時間が短いのが特徴である。

蒸気サイクルの効率を上げるため，タービン出口に復水器をつけ，蒸気を大気圧以下に膨張させた後，復水器で凝縮するものを**復水タービン**という。これに対し，圧力が大気圧以上の状態で，タービンから蒸気を放出するものを**背圧タービン**という。これは復水器が不要で，真空に対する配慮も必要がなく，またタービンから出た蒸気を作業用蒸気としても使用できるなどの利点はあるが，サイクルの効率は復水タービンよりも低くなる。効率を重視するプラントではもっぱら復水タービンが使用されている。

5.2 蒸気タービンの作動原理と熱・流体力学的性質

5.2.1 蒸気タービンの作動原理と速度三角形，線図仕事

図 5.1，図 5.2 に見られるように，ロータ（回転体）に取り付けられた動翼（曲板）に蒸気の噴流を吹き付け，動翼の中で流れの方向を変えたり，流れ

5.2 蒸気タービンの作動原理と熱・流体力学的性質

を加速させると，蒸気の運動量の大きさと方向が動翼の入口と出口で変化し，これに応じて動翼に力が加わる。この力をロータに伝えることにより，ロータを通じて動力を取り出すことができる。これが蒸気タービンの作動原理で，**運動量保存の法則**を利用したものである。

図 5.1，図 5.2 に示すような動翼出入口の流体の絶対速度 c，相対速度 w および周速度 u の関係をベクトル的に表したものを**速度三角形**または**速度線図**という。以下では速度三角形を用いて，蒸気タービンの作動原理を具体的に考える。

これらの図において水平方向がタービンの周方向を，垂直方向が軸方向を表す。周速 u で反時計周りに回転している（図では速度 u で左向きに動いている）動翼内に，蒸気が図のように絶対速度 c_1，周方向となす角度 α_1 で流入し，c_2，α_2 で流出する場合の，水平方向の運動量について考える。

動翼入口において蒸気が持っている単位時間，単位質量当りの運動量を M_1（左向きすなわち回転方向を正）とすると，$M_1 = c_1 \cos \alpha_1$ であり，動翼出口における運動量 M_2 は $M_2 = -c_2 \cos \alpha_2$ であるから，動翼内の単位時間，単位質量当りの蒸気の運動量の増加分（$M_2 - M_1$）が，蒸気が動翼から受けた力であり，その反作用として蒸気は動翼に $-(M_2 - M_1)$ の力を与える。すなわち動翼に加えられる単位質量当りの水平方向の力 F は式（5.1）になる。

$$F = -(M_2 - M_1) = c_1 \cos \alpha_1 + c_2 \cos \alpha_2 \tag{5.1}$$

また単位質量当りに発生する仕事 L_d は，力 F と単位時間当りの移動距離 u の積に等しいから

$$L_d = uF = u(c_1 \cos \alpha_1 + c_2 \cos \alpha_2) \tag{5.2}$$

になる。速度三角形から求めた仕事 L_d を**線図仕事**という。

図 5.1，図 5.2 に示すように，蒸気は翼に沿って，相対速度 w_1，相対速度が周方向となす角度 β_1 で流入し，方向を転じて w_2，β_2 で流出する。

衝動段では図 5.1 のように，動翼内での蒸気圧力の変化が小さく，蒸気流と動翼壁面の摩擦が無視できる場合には，動翼内の相対速度は変化せず，$w_1 = w_2$ になるが，一般には動翼内の摩擦は無視できず，$w_1 > w_2$ になる。衝動

段では，蒸気の流れの方向を動翼内で反転させることにより，動力を発生させる。この衝動段の作動原理は，水を作動流体とするペルトン水車の場合と同じである。

それに対し反動段では図 **5.2** のように，動翼内で蒸気圧力を降下させ，動翼出口部で蒸気流速を加速させることにより動力を発生させる（$w_1 < w_2$）。燃焼ガスを作動流体とするガスタービンも，同じ原理で作動する反動タービンである。

式（5.2）の仕事 L_d を相対速度で表す。速度三角形により

$$\left.\begin{array}{l} c_1 \cos \alpha_1 = w_1 \cos \beta_1 + u \\ c_2 \cos \alpha_2 = w_2 \cos \beta_2 - u \end{array}\right\} \quad (5.3)$$

であるから，$c_1 \cos \alpha_1 + c_2 \cos \alpha_2 = w_1 \cos \beta_1 + w_2 \cos \beta_2$ となる。

以上より，式（5.2）の線図仕事 L_d を相対速度で表すと

$$L_d = uF = u(w_1 \cos \beta_1 + w_2 \cos \beta_2) \quad (5.4)$$

つぎに蒸気タービンの仕事を運動エネルギーで表すと，以下のようになる。

図 **5.1**，図 **5.2** の速度三角形において，タービン軸方向の蒸気速度（**軸流速度**）を c_f とすると，動翼入口と出口の軸流速度は，式（5.5）で表される。

$$\left.\begin{array}{l} c_{f1} = c_1 \sin \alpha_1 = w_1 \sin \beta_1 \\ c_{f2} = c_2 \sin \alpha_2 = w_2 \sin \beta_2 \end{array}\right\} \quad (5.5)$$

式（5.5），(5.3) より

$$\left.\begin{array}{l} c_1^2 = u^2 + w_1^2 + 2uw_1 \cos \beta_1 \\ c_2^2 = u^2 + w_2^2 - 2uw_2 \cos \beta_2 \end{array}\right\} \quad (5.6)$$

式（5.6）を式（5.4）に代入すると

$$L_d = \frac{1}{2}(c_1^2 + (w_2^2 - w_1^2) - c_2^2) \quad (5.7)$$

式（5.7）から，線図仕事 L_d は右辺第 1 項の動翼入口の運動エネルギーと，第 2 項の動翼中での運動エネルギーの増加分から，第 3 項の動翼から流出する蒸気の運動エネルギーを引いたものとして表される。

なお，動翼出入口における速度三角形の諸数値，すなわち蒸気速度（c_1,

c_2, w_1, w_2), タービンの周速度（u）と流出入角度（α_1, α_2, β_1, β_2）は，式 (5.3) と式 (5.5) または式 (5.6) を用いて計算できる．

動翼の周速 u とノズルの噴出速度 c_1 の比を**速度比** (velocity ratio) $\zeta = u/c_1$ というが，これは動翼の効率に大きな影響を与える．速度比が 0 でも過大でも効率は 0 になる．以下ではタービンの線図仕事を，速度比と動翼入口と出口の相対速度の比（$\psi = w_2/w_1$, これを**動翼の速度係数**という）で表す．

式 (5.3) から $w_1 = (c_1 \cos\alpha_1 - u)/\cos\beta_1$, また $w_2 = \psi w_1$ であるから，これを式 (5.4) に代入すると

$$L_d = u(w_1 \cos\beta_1 + w_2 \cos\beta_2) = uw_1(\cos\beta_1 + \psi \cos\beta_2)$$

$$= u(c_1 \cos\alpha_1 - u)\left(1 + \psi\frac{\cos\beta_2}{\cos\beta_1}\right) = u^2\left(\frac{\cos\alpha_1}{\zeta} - 1\right)\left(1 + \psi\frac{\cos\beta_2}{\cos\beta_1}\right)$$

$$= c_1^2 \zeta(\cos\alpha_1 - \zeta)\left(1 + \psi\frac{\cos\beta_2}{\cos\beta_1}\right) \tag{5.8}$$

5.2.2 翼内のエネルギー変換

本項では静翼（またはノズル）および動翼内でのエネルギー変換を考える．

図 5.4 に示す流動系において，流体の圧力を p，絶対流速を c，比エンタルピーを h，流体 1 kg 当りの外部仕事を L，流体に入る熱量を q とし，基準点からの高さを z とすると，系の入口 1 と出口 2 の間で式 (5.9) が成立つ．

$$q + h_1 + \frac{1}{2}c_1^2 + gz_1 = L + h_2 + \frac{1}{2}c_2^2 + gz_2 \tag{5.9}$$

ここで位置のエネルギーが無視できる場合には

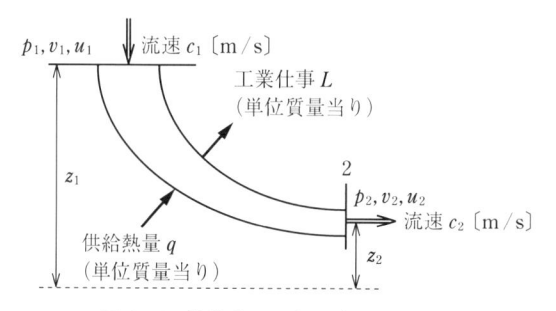

図 5.4 流動系のエネルギーバランス

$$q+h_1+\frac{1}{2}c_1^2 = L+h_2+\frac{1}{2}c_2^2 \tag{5.10}$$

図 5.5 に各翼出入口の状態を，図 5.3 の h-s 線図と対応させて示す。図 5.3 と図 5.5 に示すように静翼入口を A，動翼出口を 2，静翼出口すなわち動翼入口を 1 とし，損失のない等エントロピー変化を仮定したときの静翼出口を B，動翼出口を C とする。また静翼内の損失を Z_1，動翼内の損失を Z_2 とする。蒸気は高速で，静翼入口から動翼出口まで短時間で流れるため，外部との熱授受は無視でき，また位置のエネルギーも無視できる。したがって，翼内のエネルギー式は式（5.9）において $q=0$, $gz=0$ と置いたものになる。

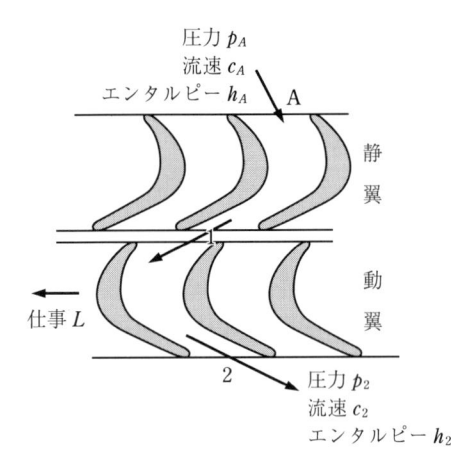

図 5.5 各翼出入口の状態

〔1〕 **ノズルまたは静翼内のエネルギー交換**[†] 　ノズルまたは静翼でのエネルギー交換を考える。静翼では仕事を行わないので，式（5.10）において $q=0$, $L=0$ とおき，静翼入口の蒸気速度を c_A とすると，静翼出口（点

---

† 一般的にノズルは蒸気圧力を降下させることにより，高速の蒸気を発生させるものであり，静翼は蒸気圧力を降下させて蒸気速度を加速したり，速度の方向を変化させて蒸気を動翼に導くもので，図 5.1 のように動翼と同じ形状をしている。静翼内の圧力降下は，ノズル内の圧力降下に比べて小さい場合が多い。
　単式衝動タービンと圧力複式衝動段にはノズルを，反動段には静翼を用いている。ただし復水タービンの低圧側は反動を伴うが，そこではノズルを用いている。また速度複式衝動段（カーチス段）では，圧力降下は一段目だけで生じ，二段目以降の圧力は一定であるから，一段目にはノズルを，二段目以降には静翼を用いる。カーチス段の静翼は蒸気速度の方向だけを変化させる，案内羽根の役割を果たしている。
　5.3 節で述べるようにノズルと静翼では，タービンに固定する方法が異なる。

1）の蒸気の速度 c_1 は式（5.11）になる。

$$h_A + \frac{1}{2}c_A{}^2 = h_1 + \frac{1}{2}c_1{}^2 \quad \therefore \quad c_1 = \sqrt{2(h_A - h_1) + c_A{}^2} \tag{5.11}$$

静翼入口の蒸気速度 c_A が小さくて無視できるときは

$$c_1 = \sqrt{2(h_A - h_1)} \tag{5.11'}$$

静翼内で等エントロピー変化をした場合の流出速度（**理論流出速度**）を c_t とすると

$$c_t = \sqrt{2(h_A - h_B)} \tag{5.12}$$

一方，反動度 $r = \Delta h_s / \Delta h_t$，$\Delta h_t = h_A - h_B + \Delta h_s$ だから

$$h_A - h_B = (1 - r)\Delta h_t \tag{5.13}$$

以上より，理論流出速度 c_t は

$$c_t = \sqrt{2(1 - r)\Delta h_t} \tag{5.12'}$$

ここで実際の流出速度 c_1 と理論流出速度 c_t の比 ϕ を**静翼（ノズル）の速度係数**という。

$$\phi \equiv \frac{c_1}{c_t} \tag{5.14}$$

静翼の速度係数 ϕ が定まると，静翼内の損失 Z_1 が次式で求められる。

$$Z_1 = \frac{1}{2}(c_t{}^2 - c_1{}^2) = \frac{1}{2}c_t{}^2\left(1 - \frac{c_1{}^2}{c_t{}^2}\right) = \frac{1}{2}c_t{}^2(1 - \phi^2) \tag{5.15}$$

ここで

$$\zeta_1 \equiv 1 - \phi^2 \tag{5.16}$$

とし，これを**静翼（ノズル）の損失係数**と定義すると，静翼における損失 Z_1 は

$$Z_1 = \zeta_1 \frac{1}{2}c_t{}^2 \tag{5.15'}$$

〔2〕 **動翼でのエネルギー交換**　動翼でのエネルギー交換は，動翼が行う線図仕事を L_d，動翼から流出する運動エネルギー $(1/2)c_2{}^2$ を Z_3 とすると，式（5.10）と図 **5.3** より

58   5. 蒸気タービン

$$h_1 + \frac{1}{2}c_1^2 = L_d + h_2 + \frac{1}{2}c_2^2$$

$$\therefore \ L_d = (h_1 - h_2) + \frac{1}{2}(c_1^2 - c_2^2)$$

$$= (h_1 - h_D) - (h_2 - h_D) + \frac{1}{2}(c_1^2 - c_2^2)$$

$$= \Delta h_s \quad - \quad Z_2 \quad + \frac{1}{2}(c_1^2 - c_2^2)$$

$$= \Delta h_s + \frac{1}{2}c_1^2 - Z_2 - \frac{1}{2}c_2^2$$

$$= \Delta h_t - Z_1 - Z_2 - Z_3 = \Delta h_t - Z - Z_3 \tag{5.17}$$

ここで Z_2 は動翼における摩擦などによる損失を表し,動翼内での相対速度 w のほぼ二乗に比例する。衝動段の場合には,動翼における損失は式(5.18)で表される。

$$Z_2 = \frac{1}{2}(w_1^2 - w_2^2) = \frac{1}{2}w_1^2(1 - \psi^2) \tag{5.18}$$

動翼から流出する速度エネルギー $(1/2)c_2^2$ は利用されずに失われるから,排気損失 Z_3 になる[†]。

5.2.3 蒸気タービンの効率

〔1〕 **線 図 効 率**　動翼で利用可能なエネルギー (E) に対して,発生する線図仕事 (L_d) の割合を,**線図効率**(η_d)という。ノズル入口蒸気の運動エネルギーを無視すると,動翼で利用可能なエネルギーは全断熱熱落差 (Δh_t) になり,線図仕事 (L_d) は式(5.17)で表されるから,

$$\eta_d = \frac{L_d}{\Delta h_t} = 1 - \frac{Z + Z_3}{\Delta h_t} \tag{5.19}$$

1)　単式衝動タービンの線図効率　単式衝動タービンの線図効率 (η_d)

[†] 多段翼の中の一段を考える場合には,動翼から流出する速度エネルギーの一部は,つぎの段の静翼に入るエネルギーとして利用される。この場合は最終段の動翼から流出する速度エネルギーだけが完全な損失になる。しかし段におけるエネルギーの流出入を考える場合には,便宜上,動翼から流出する速度エネルギー全体を排気損失の形で表す。

は，ノズル入口の蒸気速度が無視できる場合には，式 (5.19), (5.12′), (5.14) および式 (5.8) より

$$\eta_d = \frac{L_d}{\Delta h_t} = \frac{c_1^2 \zeta (\cos \alpha_1 - \zeta)\left(1 + \dfrac{\psi \cos \beta_2}{\cos \beta_1}\right)}{\dfrac{c_t^2}{2(1-r)}}$$

$$= 2(1-r)\phi^2 \zeta (\cos \alpha_1 - \zeta)\left(1 + \frac{\psi \cos \beta_2}{\cos \beta_1}\right) \quad (5.20)$$

ここで反動度 r は衝動タービンでは 0 である。また，式 (5.20) よりノズル出口角度 α_1 は小さいほど効率は良くなるが，構造上 α_1 は 10〜20°程度の値である。また動翼入口と出口の角度 β_1 と β_2 はほぼ等しく作られる。

$\beta_1 = \beta_2$ の等角翼を考えると，線図効率は式 (5.20) より

$$\eta_d = 2\phi^2(1+\psi)\zeta(\cos \alpha_1 - \zeta) \quad (5.21)$$

式 (5.21) より $\zeta = \cos \alpha_1/2$ のとき，線図効率が最大になる。

$$\zeta = \frac{\cos \alpha_1}{2} \quad \text{のとき} \quad \eta_{dmax} = \frac{1}{2}\phi^2(1+\psi)\cos^2 \alpha_1 \quad (5.22)$$

いま，動翼入口と出口で速度変化がなく（$\psi=1$），ノズル出口の流速が理論流出速度になる理想的な場合（$\phi=1$）を想定すると

$$\eta_{dmax} = \cos^2 \alpha_1 \quad (5.23)$$

式 (5.22) と式 (5.23) より，線図効率が最大になる速度比 ζ と効率 η_{dmax} は，ノズル出口角度 $\alpha_1=0°$ のとき $\zeta=0.500$, $\eta_{dmax}=1.000$, $\alpha_1=10°$ で $\zeta=0.492$, $\eta_{dmax}=0.970$, $\alpha_1=20°$ で $\zeta=0.470$, $\eta_{dmax}=0.883$ となり，いずれも速度比が 0.5 近傍で線図効率が最大になる。

2） 反動タービンの線図効率　　軸流反動タービンは，図 **5.6** のように動翼と静翼が交互に置かれ，動翼内でも蒸気の圧力降下があり，速度が増加する。図 **5.3**, 図 **5.5**, 図 **5.6** に示すような，多段中の任意の一段（静翼と動翼）について考える。

一段当りの全断熱熱落差を Δh_t, 静翼入口の蒸気速度（前段の動翼の出口速度）を c_A, 動翼出口の蒸気速度（次段の静翼入口の蒸気速度）を c_2 とする

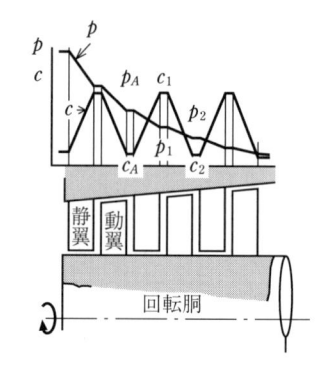

図 5.6 軸流反動タービンの翼列

と，動翼で利用可能なエネルギー (E) は

$$E = \Delta h_t + \frac{1}{2}c_A{}^2 - \frac{1}{2}c_1{}^2 \tag{5.24}$$

蒸気速度が静翼出口と動翼入口で近似的に等しい ($c_A ≒ c_1$) とすると，式 (5.24) は

$$E = \Delta h_t \tag{5.24'}$$

になる。また動翼での線図仕事 L_d に式 (5.2) を用いると，反動タービンの線図効率 η_d は

$$\eta_d = \frac{L_d}{E} = \frac{u(c_1 \cos \alpha_1 + c_2 \cos \alpha_2)}{\Delta h_t} = \frac{2(1-r)u(c_1 \cos \alpha_1 + c_2 \cos \alpha_2)}{c_t{}^2} \tag{5.25}$$

いま反動度 $r = 0.5$ のパーソンスタービンの場合，動翼と静翼の形が相似で，動翼入口と動翼出口の速度三角形が相似になるため，$c_1 = w_2$, $c_2 = w_1$, $\alpha_1 = \beta_2$, $\alpha_2 = \beta_1$ となる。これらの関係と式 (5.3) より，式 (5.25) は

$$\eta_d = \frac{u}{c_t{}^2}(2c_2 \cos \alpha_1 - u) = \phi^2 \zeta(2 \cos \alpha_1 - \zeta) \tag{5.26}$$

ここで u は周速度，ϕ は静翼の速度係数，ζ は速度比である。

式 (5.26) から，パーソンスタービン一段当りの線図効率 η_d は，速度比が $\cos \alpha_1$ のときに最大 (η_{dmax}) になる。

$$\zeta = \cos \alpha_1 \text{ のとき } \quad \eta_{dmax} = \phi^2 \cos^2 \alpha_1 \tag{5.27}$$

いま静翼内で摩擦等の損失がない場合（速度係数 $\phi=1$），線図効率が最大に

なる速度比 ζ と効率 η_{dmax} は，ノズル出口角度 $\alpha_1=0°$ のとき $\zeta=1.000$，$\eta_{dmax}=1.000$，$\alpha_1=10°$ で $\zeta=0.985$，$\eta_{dmax}=0.970$，$\alpha_1=20°$ で $\zeta=0.940$，$\eta_{dmax}=0.883$ になり，いずれも速度比が 1.0 近傍で線図効率が最大になる。

また静翼の速度係数を1とした理想的な場合の線図効率の最大値は，単式衝動タービンの場合と等しくなる。

3）　単式衝動タービンと反動タービンの比較　　1），2）の結果から，単式衝動タービンと反動タービンを比較する。

効率が最大になる速度比は，衝動タービンが 0.5 近傍であるのに対し反動タービンは 1.0 近傍である。すなわち動翼入口の蒸気速度 c_1 は，単式衝動タービンが周速度 u の2倍程度であり，反動タービンは周速度と同程度である。一方，仕事に転化し得る熱落差は $(c_1^2/2)$ に比例する。またタービンの周速度には構造上の限界があり，通常 250 ～ 300 m/s 程度である。したがって，周速度を一定とすると，単式衝動タービンは反動タービンに比べて，動翼入口の蒸気速度は2倍，一段当りの仕事量は4倍になる。

つぎに効率について検討する。翼の摩擦損失を無視した理想的な場合を想定すると，単式衝動タービンと反動タービンの効率は同程度である。しかし衝動タービンは動翼内で蒸気の流れ方向を反転させることにより，動力を得るものであるため，反動タービンより蒸気の流路が長くなることと，動翼入口の蒸気速度が反動タービンの2倍近くになるため，動翼内の摩擦損失（**図 5.3** の Z_2）が大きくなり，反動タービンより効率は低くなる。

以上の理由から，小出力タービンでは単式衝動タービンを用いて，効率は低くても小形にすることが多い。また大中出力タービンでは熱落差が大きいので，一段目に衝動段を用いて，大きい熱落差を消化させ，圧力を低下させて高圧部分を少なくし，以降は多段の反動段を用いる場合が多い。

〔2〕　**蒸気タービンにおける損失と効率**　　蒸気タービンで発生する損失には，**内部損失**と**外部損失**がある。内部損失は，静翼（ノズル）内の損失，動翼の損失，排気損失，ロータの回転損失，蒸気の内部漏れ損失，および翼が湿り蒸気に接する際に生じる湿り損失などがある。線図仕事 L_d は，断熱熱落差か

ら静翼および動翼での損失と排気損失を引いたものであるから，タービン内部で実際に発生する仕事 L_i は，線図仕事からロータの回転損失，蒸気の内部漏れ損失および湿り損失を差し引いたものになる。

内部仕事と断熱熱落差 Δh_t の比を**内部効率** η_i という。

$$\eta_i = \frac{L_i}{\Delta h_t} \tag{5.28}$$

外部損失には，蒸気の外部漏れ損失，放熱損失，機械損失などがある。機械損失は軸受けの摩擦損失や潤滑油ポンプなどの駆動用動力である。内部仕事 L_i から外部損失を差し引いたものを**有効仕事**（L_e）というが，これがタービン軸端で得られる仕事である。有効仕事と断熱熱落差の比を**有効効率**（η_e）という。有効効率はタービンのエネルギー効率を示しているので，**タービン効率**（η_T）とも呼ばれている。

$$\eta_e = \eta_T = \frac{L_e}{\Delta h_t} \tag{5.29}$$

また，内部仕事に対する有効仕事の割合を**機械効率**（η_m）という。

$$\eta_m = \frac{L_e}{L_i} \tag{5.30}$$

以上より，蒸気タービンの各種仕事，損失および効率の関係を**図 5.7** に示す。

○ 断熱熱落差 Δh_t ─┬─○ 線図仕事 L_d ─┬─○ 内部仕事 L_i ─┬─○ 有効仕事 L_e
　　　　　　　　　　　　├・翼の摩擦損失　　　├・回転損失　　　　├・外部漏れ損失
　　　　　　　　　　　　│　$Z_1 + Z_2 = Z$　　├・内部漏れ損失　　├・放熱損失
　　　　　　　　　　　　├・排気損失 Z_3　　 ├・湿り損失　　　　├・機械損失
　　　　　　　　　　　　└（線図効率 η_d）└（内部効率 η_i）├（有効効率 η_e）
　　　　　　　　　　　　　　　　　　　　　　　　　　　　　　　　　└（タービン効率 η_T）

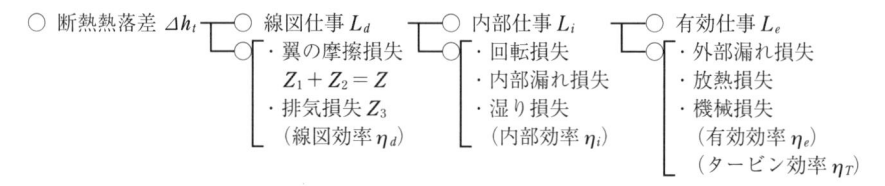

図 5.7　蒸気タービンの各種仕事，損失，効率

5.3　蒸気タービンの構造

5.3.1　蒸気タービンの構造

図 5.8 は，発電用の蒸気タービンの外部ケーシングをはずした状態での写真で，多数の回転翼列（動翼）が見られる。図 5.9 は発電用蒸気タービンの

5.3 蒸気タービンの構造　63

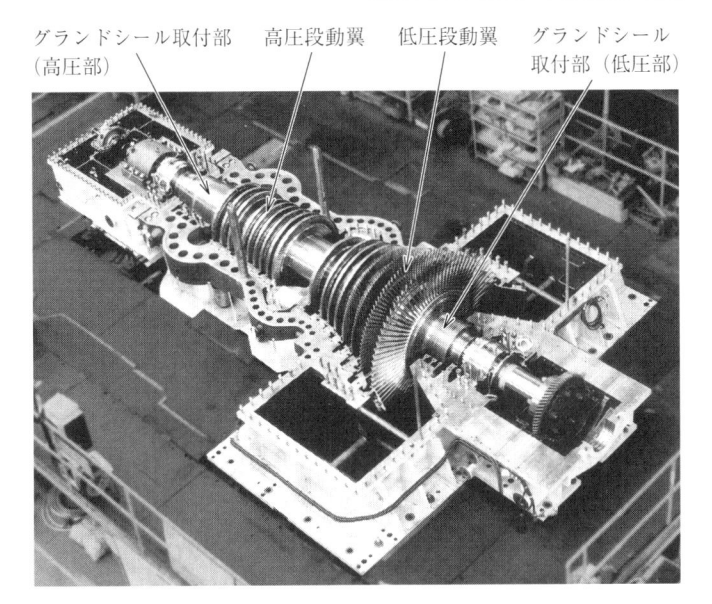

グランドシール取付部（高圧部）　高圧段動翼　低圧段動翼　グランドシール取付部（低圧部）

図 5.8　カワサキ SC-500 発電用蒸気タービン
（発電出力 75 000 kW）（川崎重工業(株)提供）

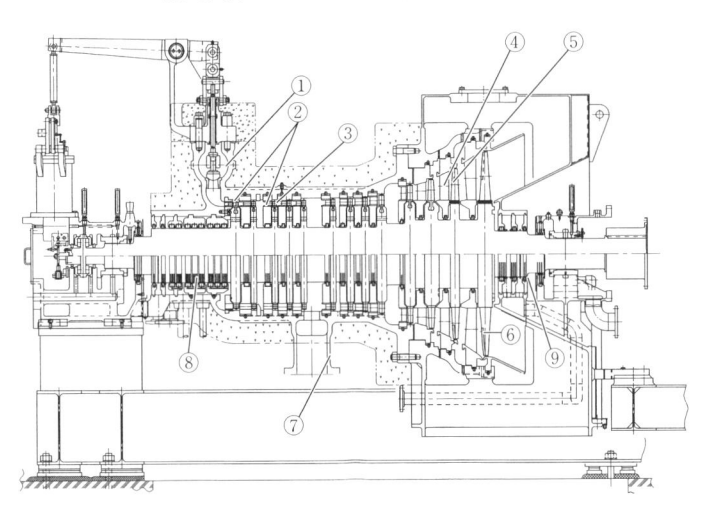

① 加減弁（蒸気入口）　② ノズル，仕切板（高圧段）　③ 動翼（高圧段）
④ ノズル，仕切板（低圧段）　⑤ 動翼（低圧段）　⑥ 排気室（蒸気出口）
⑦ 抽気管　⑧ グランドシール（高圧部）　⑨ グランドシール（低圧部）

図 5.9　カワサキ RC-160 発電用蒸気タービン
（発電出力 17 800 kW）（川崎重工業(株)提供）

組み立て断面図で，出力17800 kW，タービン入口の蒸気条件は圧力3.6 MPa，温度395 ℃，タービン出口圧力−71 kPaG (535 mmHg) の復水タービンである。これは図5.8の写真のものと出力は異なるが，形式は同じなので，構造を検討する範囲では，二つの図を対応させてよい。

図5.9において，蒸気は**加減弁**①からタービンに入り，ノズル②で高速の流れとなって動翼③に流入し，動力を発生する。図5.9の②，③は高圧段で，図5.8の写真の左上方の回転翼列に相当する。高圧段を出た蒸気は低圧段に入り，低圧段のノズル④を経て動翼⑤で動力を発生した後，排気室⑥から復水器に排出される。低圧段の動翼は，図5.8の写真右下方の回転翼列である。低圧段では下流ほど蒸気圧力が低くなるため，蒸気の体積流量が増加する。一方，蒸気流による摩擦損失を抑えるためには，翼内の蒸気流速を過大にしないように，蒸気の流路面積を大きくする必要があり，翼の高さが下流ほど高くなっている。また，このタービンは**一段抽気タービン**で，蒸気の一部は高圧段の途中から**抽気管**⑦より抽気される。

蒸気の流量は負荷に応じて，加減弁①で調節される。また動翼は図5.10に示すように，ロータに植え込まれた**翼幹**と，その外周にかしめて取り付けられている**シュラウド** (shroud) からできている。シュラウドは数本の動翼をグルーピングして，動翼相互の剛性を高め，翼の振動を防止する働きをする。翼高さが600 mmを超える長翼では，シュラウドは取り付けられておらず，翼幹部に1～3本の**タイワイヤ** (tie-wire) を取り付けて，グルーピングと翼の振動防止を行っている。低圧段の翼高は，3万～5万kW級のタービンで

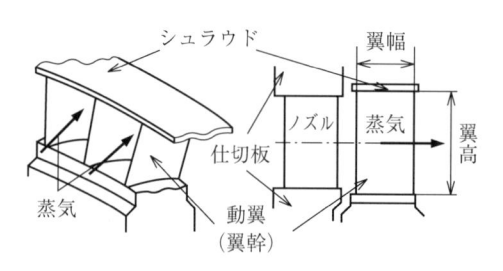

図5.10 翼 の 構 造

500 ～ 650 mm，事業用火力の大形タービンで 1 m 程度で，翼高と翼の直径の比は 2.8 ～ 3.1 程度である．

ノズルは，**図 5.10** に示すように，仕切板に取り付けられる．仕切板は内輪と外輪からなり，内外輪の間にノズルを挿入し，それを適正な位置に保持するとともに，タービン段落間の圧力差を維持している†．

タービン内の気密は，**図 5.11** に示す**ラビリンスパッキン**（labyrinth packing）により保たれる．ラビリンスパッキンは，車軸とケーシングの間の隙間を極力小さくし，軸方向または半径方向に大きな流動抵抗をつけることにより，蒸気の流れを最小限に抑えるもので，図（ a ）は軸方向，図（ b ）は半径方向を表す．高圧部**グランドシール**（gland seal）⑧により，高圧部から外部への蒸気漏れを防ぐとともに，低圧部グランドシール⑨により，外部から低圧部への空気の流入を防止しているが，これらのグランドシールには，ラビリンスパッキンが用いられている．**図 5.8** の写真において，高圧段動翼の左上方のロータに高圧部のグランドシールが，低圧段動翼の右下方のロータに低圧部のグランドシールが取り付けられる．また低圧段と高圧段の動翼外周にもラビリンスパッキンが設けられており，蒸気の内部漏洩を防止している．ラビリンスパッキンの最小隙間は，高圧部の衝動段で 0.2 ～ 0.3 mm，低圧部の反動段で 0.3 mm 程度である．

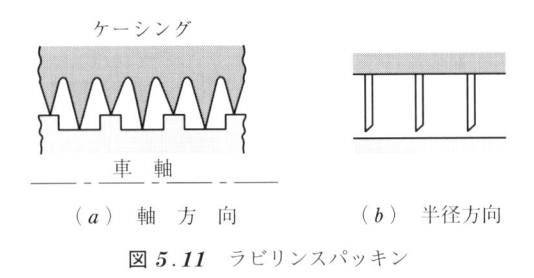

（ a ）軸方向　　（ b ）半径方向

図 5.11　ラビリンスパッキン

5.3.2　火力発電用大容量蒸気タービンの例

火力発電所では蒸気のエネルギーを有効に利用し，サイクルの熱効率を上げ

---

† 静翼は**図 5.6** に示されるように，直接ケーシングに取り付けられる．

るために，タービン出口の復水器で蒸気を真空にまで膨張させるとともに，再生，再熱サイクルが行われており，蒸気タービンもそれに応じたものが設計されている。図 5.12 は 600 MW の二段再熱タービンの構成図で，タービン入口から第一再熱器を経て第二再熱器入口までの間を高圧，第二再熱器出口以降は中圧および低圧段になっている。この例では高圧，中圧および低圧の各段の軸が直結しており，これを**くし形（タンデムコンパウンド**，tandem compound）という。さらに出力の大きいタービンでは，図 5.13 に示すように中

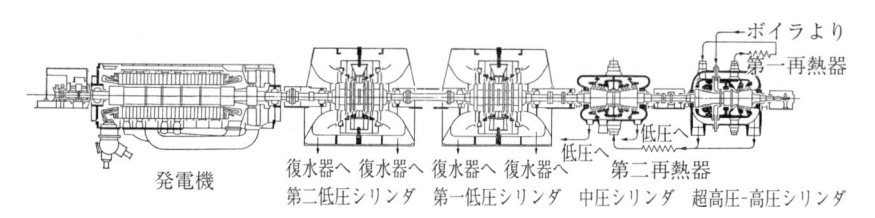

発電機　　復水器へ　復水器へ　復水器へ　復水器へ　　　低圧へ　　　ボイラより
　　　　第二低圧シリンダ　第一低圧シリンダ　中圧シリンダ　第二再熱器　第一再熱器
　　　　　　　　　　　　　　　　　　　　　　　　　　　　超高圧-高圧シリンダ

図 5.12　関西電力姫路第二火力発電所用 600 MW タービンのシリンダ配分図（三菱重工業（株）提供）

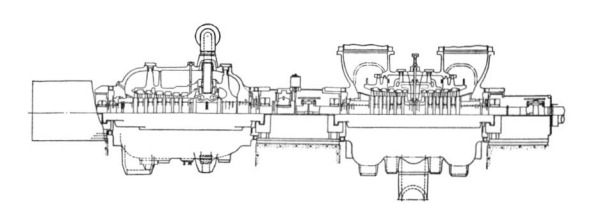

（a）プライマリー軸（3 600 rpm）

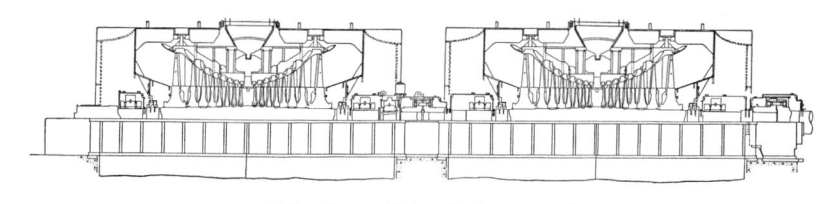

（b）セコンダリー軸（1 800 rpm）

24.2 MPa，538/538 ℃，復水器圧力 0.005 1 MPa，八段抽気，最終段羽根長さ 1 092 mm

図 5.13　60 Hz 発電機用 1 000 MW 蒸気タービンの例
　　　　　　（（株）日立製作所提供）

高圧部と低圧部を二軸に分けており，これを**並列形**（**クロスコンパウンド**，cross compound）という．

　火力プラントの効率向上を目的として，蒸気タービンの高圧，高温化が進んでおり，2000年7月には，発電出力105万 kW，主蒸気圧力 25 MPa で主蒸気温度 600 °C，再熱温度 610 °C（二段再熱）の蒸気タービンが運転されるに到っている．さらに現在進行中の高温タービンの技術開発として，電源開発は 630 °C 級プラントの実証試験の計画を進めている．欧州では 700 °C 級の蒸気タービンの開発プロジェクトが推進されている[†]．

演 習 問 題

【1】静翼入口の圧力 1 MPa，温度 250 °C，動翼出口の圧力が 0.4 MPa の反動段において，反動度 $r=0.5$ の場合の静翼出口（動翼入口）の圧力を求めよ．ただし，蒸気の変化はすべて等エントロピーで行われるものとする．

【2】ノズル出口角 $α_1=20°$，出口速度 $c_1=350$ m/s，周速 $u=200$ m/s，動翼出口角 $β_2=25°$ で，蒸気の軸流速度 c_f が動翼出入口で等しい場合について，動翼の入口角度 $β_1$，相対速度 w_1，動翼出口の絶対速度 c_2，および蒸気の流出角 $α_2$，および蒸気 1 kg/s 当りの線図仕事 L_d を計算せよ．

【3】圧力 4 MPa，温度 450 °C の蒸気を 2.5 MPa まで膨張させるノズルについてつぎの問いに答えよ．ただしノズル入口の速度は 0 とする．
　　（1）可逆断熱変化の場合のノズルの流出速度を求めよ．
　　（2）ノズルの速度係数が 0.96 のとき，ノズルの流出速度とノズル出口の蒸気のエンタルピーを求めよ．

【4】蒸気流量が 13.5 kg/s の単式衝動タービンにおいて，ノズルからの蒸気の噴出速度 800 m/s，ノズル角 20°，速度比 0.35，ノズルの速度係数 0.96，動翼の速度係数 0.89 とし，動翼の入口と出口の角度は等しいものとして，つぎの値を計算せよ．
　　（1）線図仕事　（2）線図効率　（3）最大線図効率

[†] 角家義樹：蒸気タービンの性能向上技術，日本機械学会講演論文集，NO.014-1, pp. 1〜5（'01.3 関西支部第 76 期定時総会講演会）

【5】 動翼入口における蒸気の絶対速度 $c_1=210$ m/s，ノズル出口角 $α_1=25°$，動翼の出口角 $β_2=25°$，周速度 $u=150$ m/s で，動翼前後の軸流速度 c_f が一定の反動段について，以下の問いに答えよ．

　　（1）動翼入口の相対速度 w_1，入口角 $β_1$，動翼出口の絶対速度 c_2，相対速度 w_2，流動方向 $α_2$ を求めよ．

　　（2）蒸気1 kg/s 当りの線図仕事 L_d と反動度 r

　　（3）静翼の速度係数が $φ=0.96$ の場合の線図効率 $η_d$ と最大線図効率 $η_{dmax}$

【6】 圧力 6 MPa，温度 450 °C の過熱蒸気を毎時 150 t をタービンに送り，圧力 0.005 MPa まで膨張させる．タービン効率を 82 % とすると，このタービンの出力（有効仕事）はいくらか．

【7】 蒸気を部分流入できるのは，衝動段に限られる理由を考えよ．

【8】 高温高圧の蒸気タービンの低圧部には衝動段ではなく，反動段が用いられる理由を考えよ．

6

内燃機関の概要

「内燃機関」は狭い意味では容積形内燃機関を指す。**6〜10**章では容積形内燃機関について説明し，**11**章でガスタービンについて述べる。容積形内燃機関の大部分はピストンがシリンダ内で往復する形式のもので，ピストン2往復で1サイクルをなす4ストロークサイクル機関とピストン1往復で1サイクルをなす2ストロークサイクル機関がある。さらに，それぞれ点火方法によって火花点火機関と圧縮点火機関に分けられる。本章では容積形内燃機関について理論サイクルとともにそれらの構造と作動原理を説明する。

6.1 内燃機関の構造と作動原理

ガソリンを燃料とする4ストロークサイクル機関の基本的な構造と作動原理を図 **6.1** に示す。上部にはガソリンと空気の混合気体を吸入するための吸入弁と燃焼ガスを排出するための排気弁を備える。シリンダ内では燃料の燃焼によって圧力の高くなった気体がピストンを押して仕事をするが，ピストンの直線運動はクランクによって回転運動に変えられる。

ピストンが最も上にある点を**上死点**（top dead center，略して TDC），最も下にある点を**下死点**（bottom dead center，略して BDC）という。ピストンは上死点と下死点の間を動くがこの間の距離を**行程長さ**（stroke length）またはストローク長といい，その間のシリンダ容積を**行程容積**（stroke volume あるいは displacement）または排気量という。ピストンが上死点にあるときのシリンダ容積は**すきま容積**という。すきま容積を V_2，行程容積を V_s

6. 内燃機関の概要

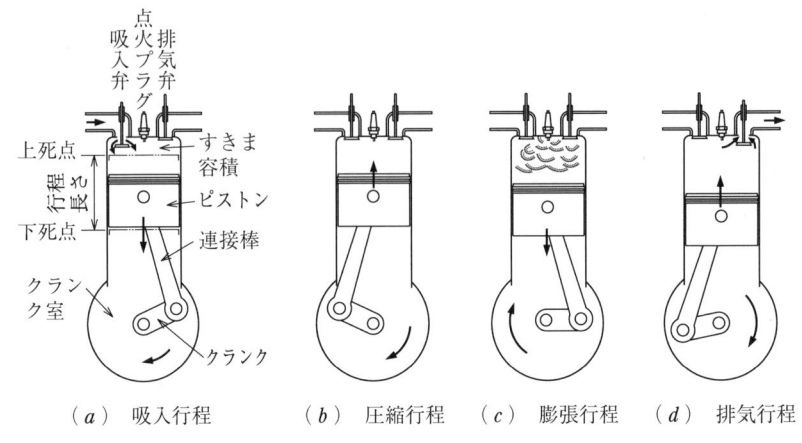

(a) 吸入行程　　(b) 圧縮行程　　(c) 膨張行程　　(d) 排気行程

図 **6.1**　4ストロークサイクル機関の基本的な構造と作動原理

とすると，下死点でのシリンダ容積 V_1 は $V_1 = V_2 + V_s$ で，**圧縮比** ε は次式で表される。

$$\varepsilon = \frac{V_1}{V_2} \tag{6.1}$$

内燃機関の作動について，4サイクルガソリン機関を例にして図 **6.1** によって説明をするとつぎのようになる。**吸入行程**（intake stroke）では吸入弁が開き，ピストンが下がり，シリンダ内にガソリンと空気の混合気を吸入する（図 (a)）。続いて**圧縮行程**（compression stroke）では，吸入弁と排気弁を閉じ，ピストンでシリンダ内の混合気を圧縮する（図 (b)）。上死点付近において点火プラグで電気火花を発生させて混合気に点火し，燃焼させる（図 (c)）。このとき高温，高圧の燃焼ガスがピストンを押して仕事をする。これが**膨張行程**（expansion stroke）である。ついで**排気行程**（exhaust stroke）では，ピストンが上昇し排気弁を通して燃焼ガスを排出する（図 (d)）。

ピストン2往復（4ストローク）で1サイクルが完成するので**4ストロークサイクル機関**（4 stroke cycle engine）あるいは略して**4サイクル機関**という。このサイクルでは作動流体がピストンを押して仕事をするのは膨張行程だけであり，他の行程ではフライホイールの慣性によってクランク軸を回転さ

せ，ピストンが往復する。

6.2 内燃機関の分類

容積形内燃機関を分類するとつぎのようになる。

6.2.1 点火方式による分類
1） 火花点火機関
2） 圧縮点火機関

火花点火機関（spark ignition engine）では気化した燃料と空気の混合気体を圧縮し点火プラグで電気火花によって点火し，燃焼室内で燃焼させる。燃料は気化しやすいガソリンや液化石油ガス（LPG）などのガスが用いられる。燃焼は急激に行われるので高速運転が可能で，自動車，オートバイ，航空機などのエンジンとして用いられる。

この機関では圧縮比が大きすぎると自発火して**異常燃焼**（abnormal combustion）を起こすため，圧縮比はあまり高くとれず，6〜12である。また，*8.1.3*項で述べるように，燃焼の問題からシリンダ直径は100 mm程度以下に制限される。

圧縮点火機関（compression ignition engine）は**ディーゼル機関**と呼ばれ，シリンダ内に吸入して圧縮するのは空気のみで，圧縮された空気の温度が燃料の自己着火温度以上になるように圧縮比を大きくとり，高温空気中に高圧で燃料を噴射して着火，燃焼させるものである。

圧縮点火機関を火花点火機関と比較すると，つぎのようになる。圧縮点火機関の燃料はガソリンなどに比較して気化しにくい軽油または重油である。火花点火機関に比べて燃焼に時間がかかるため高速運転には適さない。圧縮は空気だけであるので，自発火の問題はなく圧縮比を高く（12〜22）することができるので熱効率が高い。同時に燃焼時のシリンダ内圧力も高くなるので，頑丈に作る必要があり，エンジンの重量は大きくなる。また，振動，騒音も大き

い。このため圧縮点火機関は，エンジンの重量や価格より運転経費を安価にしたほうがよい長時間運転の船舶，バス，トラック，建設機械などのエンジンとして用いられる。

6.2.2 使用燃料による分類

使用燃料によって分類すると
1) ガス機関
2) ガソリン機関
3) 灯油機関
4) 軽油機関
5) 重油機関

となる。ガス燃料としては液化石油ガス，天然ガスなどがある。軽油，重油を燃料とする内燃機関はそれぞれ軽油機関，重油機関であるが，実際はそのように呼ばれることはほとんどなく，どちらも圧縮点火機関であるのでディーゼル機関と呼ばれている。

6.2.3 サイクルによる分類

1) 4サイクル機関
2) 2サイクル機関

火花点火機関，圧縮点火機関両方とも，4サイクルと2サイクルの機関がある。4サイクル機関はクランク軸2回転で1サイクルをなし，**2サイクル機関**（2 stroke cycle engine）は1回転で1サイクルをなす。

クランク室圧縮式と呼ばれる2サイクル機関を図 **6.2** に示し，その作動を説明する。この構造の2サイクル機関では吸入弁と排気弁がなく，シリンダ側面に**掃気口**（scavenging port）と**排気口**（exhaust port）を有する。圧縮過程（図（a））では，ピストンが排気口の上方にあり，排気口と掃気口は閉じられている。また，ピストンの上昇によってシリンダ内の気体は圧縮される。同時にクランク室の圧力は下がり，新気が**吸気口**（intake port）からク

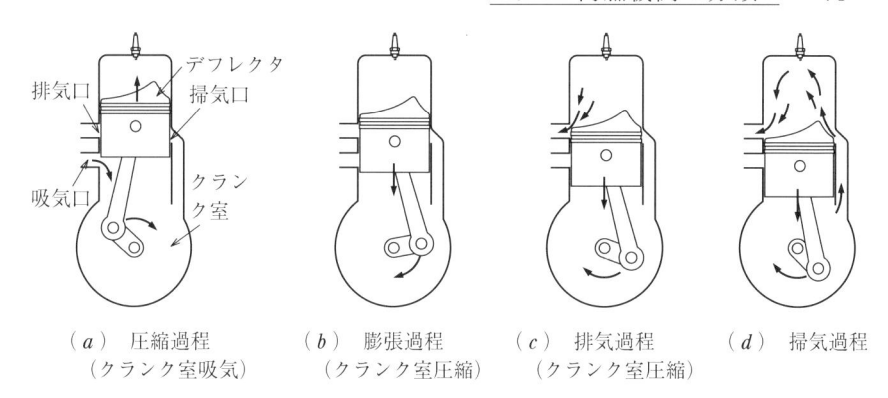

(a) 圧縮過程　　(b) 膨張過程　　(c) 排気過程　　(d) 掃気過程
（クランク室吸気）（クランク室圧縮）（クランク室圧縮）

図 **6.2** 2サイクル機関の作動原理

ランク室に吸入される。

　点火された後の膨張過程（図 (b)）でも排気口と掃気口はピストンによって閉じられている。さらにピストンが下がり，吸気口も閉じられてクランク室内に貯められた新気は圧縮される。

　膨張過程の終わりごろになり，ピストンが下のほうに下がっていくと，まず排気口が開き，圧力の高い燃焼ガスが排気口から出ていく（図 (c)）。

　ピストンがさらに下がると掃気口も開き，クランク室内で圧縮されて圧力の高い新気がシリンダ内に流入する。流入した新気はピストン頭部のデフレクタによって曲げられ，燃焼ガスを押し出し，シリンダ内に充満する。このように燃焼ガスを新気で押し出すことを**掃気**（scavenging）という。掃気の方法はいろいろあるが，残留ガスをできるだけ少なく，また，新気の素通りをできるだけ少なくするように工夫されている。図の例は横断掃気式と呼ばれるものである。

　2サイクル機関は同じ行程容積，回転数であれば爆発回数が4サイクル機関の2倍なので原理的には2倍の出力になるはずであるが，吸気，排気が4サイクル機関ほど完全には行われず，1.7倍程度にとどまる。4サイクル機関に対して2サイクル機関の長所，短所をまとめると，つぎのようになる。

　長所　1) 同一出力では小形になる。

2） 弁機構が不要で，機関構造が簡単になる。

3） サイクル中の回転数の変動が小さく，回転が滑らかである。

短所 1） 燃焼ガスと新気の入れ替えが完全には行われず，新気の吹き抜けがある。これはガソリン機関では燃費の増大と大気汚染をもたらす。

2） ピストン，シリンダなどの冷却期間が短いため高温になり，高速，高負荷運転時の耐久性が劣る。

長所1），2）のため2サイクル機関は小形，軽量であることが必要な刈り払い機などの小形ガソリン機関として用いられる。ディーゼル機関では新気は空気だけなので，ガソリン機関のような新気の素通りによる燃料損失はない。大形低速ディーゼル機関では，同一行程容積に対して4サイクル機関より高出力が得られる2サイクル機関が採用される。

6.2.4 冷却方式による分類

1） 空冷式

2） 水冷式

内燃機関ではシリンダ内で燃料を燃焼させるため，シリンダが高温になるので冷却する必要がある。冷却方法には**空冷式**と**水冷式**がある。空冷式では冷却性能を上げるため，シリンダとシリンダヘッドの外側にフィンを付けて空気との接触面積を大きくする。水冷式はシリンダまわりの水ジャケット内の水で冷却するものである。

空冷式はエンジンが軽量になるので，二輪車用，航空機用のエンジンに用いられている。一方，水は比熱が大きく，熱伝達率も大きいので高負荷運転時にもよく冷却される。自動車用，船用などのエンジンはほとんど水冷式である。

6.2.5 シリンダの配置による分類

一つの出力軸に対してシリンダが二つ以上の多気筒機関のシリンダ配置にはいろいろあるが，そのおもな形式を挙げる。

シリンダが1直線上に並んだものを**直列形**（図 **6.3**（ a ））といい，例えば4シリンダであれば直列4気筒機関と呼ばれる。この形式は船用，自動車用の大部分に用いられている。シリンダが左右に分かれたものを **V形**（図（ b ））という。6気筒以上の自動車用エンジンでは直列にすると長くなるので，エンジン全体をコンパクトにするため，この形式が多く採用されている。シリンダのなす角度は90°または60°が多い。その角度が180°の場合を対向形（図（ c ））という。また，図（ d ）は**星形**と呼ばれ，航空機用エンジンに用いられてきた。

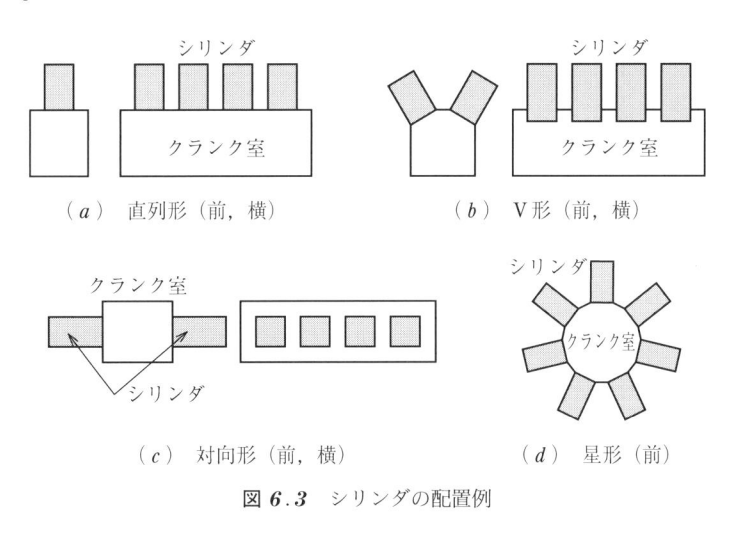

（a） 直列形（前，横）　　　　（b） V形（前，横）

（c） 対向形（前，横）　　　　（d） 星形（前）

図 **6.3**　シリンダの配置例

6.3 内燃機関の基本サイクル

内燃機関で用いられる作動流体は燃料と空気の混合気体や燃焼ガスであるが，これらの作動流体の性状は複雑に変化し，それらを用いるサイクルを理論的に扱うことは非常に複雑であるので，作動流体を空気とし，単純化したサイクルを**空気標準サイクル**（air-standard cycle）と称し，熱力学的計算をもとに種々のサイクルを検討する。

6.3.1 オットーサイクル

オットーサイクル（Otto cycle）は火花点火機関の理論サイクルであり，加熱が体積一定で行われるため**定容サイクル**（constant volume cycle）とも呼ばれ，そのp-V（圧力-体積）線図は**図6.4**で表される。火花点火機関の燃焼は短時間で行われるため，作動流体は体積一定で加熱されると考えるのである。

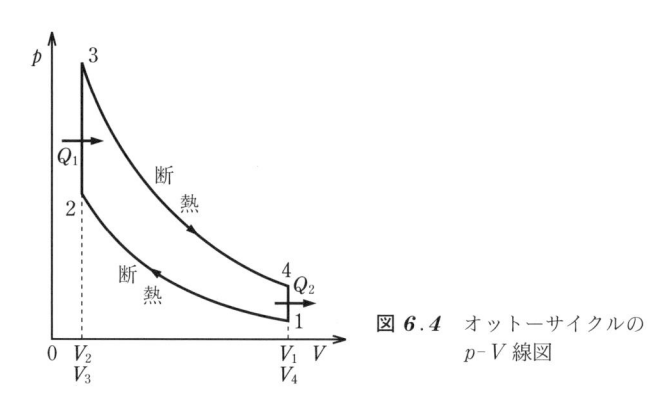

図6.4 オットーサイクルの p-V 線図

図の1→2で断熱圧縮された作動流体は上述のように体積一定のまま加熱され，温度と圧力が上昇して3の状態になる。3からピストンを押しながら断熱的に膨張し4になる。4から冷却されてもとの状態1に戻る。実際のエンジンでは高温の作動流体から低温の作動流体に交換されるのであるが，空気標準サイクルでは冷却されてもとの状態に戻ると考える。図から明らかなように，$V_1 = V_4$，$V_2 = V_3$ である。

ここで，オットーサイクルの理論熱効率 η_{tho} を求める。1サイクル当りの加熱量 Q_1 と冷却熱量 Q_2 はシリンダ内の作動流体の質量を m とすると

$$Q_1 = mc_v(T_3 - T_2) \tag{6.2}$$

$$Q_2 = mc_v(T_4 - T_1) \tag{6.3}$$

であり，得られる仕事 L は

$$L = Q_1 - Q_2 \tag{6.4}$$

となるので，**理論熱効率**（theoretical heat efficiency）η_{tho} は

$$\eta_{thO} = \frac{L}{Q_1} = \frac{Q_1 - Q_2}{Q_1} = 1 - \frac{Q_2}{Q_1} = 1 - \frac{T_4 - T_1}{T_3 - T_2} \tag{6.5}$$

で表される。ここで，$1 \to 2$ は断熱変化であるので，作動流体（空気）の**比熱比**（ratio of specific heat）を $\kappa(=c_p/c_v)$ とすると

$$T_1 V_1^{\kappa-1} = T_2 V_2^{\kappa-1}$$

という関係がある。ここで V_1/V_2 は**圧縮比**（compression ratio）でこれを ε とすると

$$T_2 = T_1 \left(\frac{V_1}{V_2}\right)^{\kappa-1} = T_1 \varepsilon^{\kappa-1} \tag{6.6}$$

また，$3 \to 4$ も断熱変化であるので

$$T_3 = T_4 \left(\frac{V_4}{V_3}\right)^{\kappa-1} = T_4 \left(\frac{V_1}{V_2}\right)^{\kappa-1} = T_4 \varepsilon^{\kappa-1} \tag{6.7}$$

となる。式 (6.6) と式 (6.7) を式 (6.5) に代入すれば

$$\eta_{thO} = 1 - \frac{T_4 - T_1}{T_4 \varepsilon^{\kappa-1} - T_1 \varepsilon^{\kappa-1}} = 1 - \frac{1}{\varepsilon^{\kappa-1}} \tag{6.8}$$

となる。式 (6.8) より，オットーサイクルの理論熱効率は作動流体の比熱比を一定とすれば圧縮比のみの関数になることがわかる。**図 6.5** に比熱比 κ をパラメータにして圧縮比 ε と理論熱効率 η_{thO} の関係を示す。図から圧縮比を大きくするほど熱効率が高くなることがわかる。火花点火機関において，熱効率を上げるためには圧縮比を大きくする必要があるのはこのためである。

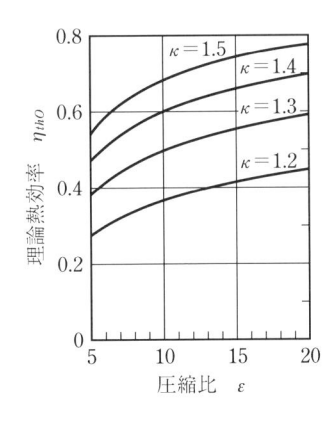

図 6.5 オットーサイクルの理論熱効率

6.3.2 ディーゼルサイクル

ディーゼルサイクル（Diesel cycle）は低速ディーゼル機関の理論サイクルで加熱が定圧で行われる。ディーゼル機関では高温空気中に燃料が噴射されて着火，燃焼するが，火花点火機関の爆発的な燃焼とは異なり，低速ディーゼル機関では比較的緩慢な燃焼で膨張しながら圧力一定の状態で燃焼すると近似できる。ディーゼルサイクルのp-V線図を図 **6.6** に示す。圧縮と加熱後の膨張が断熱的に行われることと冷却が体積一定で行われることはオットーサイクルと同じである。このサイクルでは1サイクル当りの加熱量 Q_1 と冷却熱量 Q_2 は

$$Q_1 = mc_p(T_3 - T_2) \tag{6.9}$$

$$Q_2 = mc_v(T_4 - T_1) \tag{6.10}$$

であるので，理論熱効率 η_{thD} は**締切比**（cut-off ratio）σ を次式

$$\sigma = \frac{V_3}{V_2} \left(= \frac{T_3}{T_2} \right) \tag{6.11}$$

で定義すると，オットーサイクルと同様の方法によって，つぎのように求めることができる。

$$\eta_{thD} = \frac{Q_1 - Q_2}{Q_1} = 1 - \frac{Q_2}{Q_1} = 1 - \frac{1}{\varepsilon^{\kappa-1}} \frac{\sigma^\kappa - 1}{\kappa(\sigma - 1)} \tag{6.12}$$

式 (6.12) において，$(\sigma^\kappa - 1)/\kappa(\sigma - 1)$ に実際の値（$\kappa = 1.4$，$\sigma = 1.5 \sim$

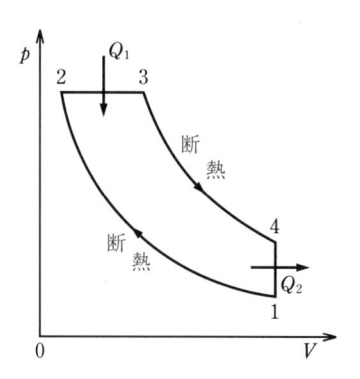

図 **6.6** ディーゼルサイクルの p-V 線図

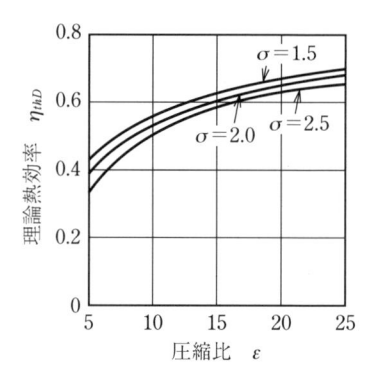

図 **6.7** ディーゼルサイクルの理論熱効率（$\kappa = 1.4$）

2.5) を代入して計算してみると1より大きくなる。このことより，圧縮比 ε が等しければ，ディーゼルサイクルの理論熱効率はオットーサイクルのそれより小さくなることがわかる。一般的にはディーゼル機関の熱効率がガソリン機関より高いが，これはディーゼル機関のほうが圧縮比が大きいことによる。

図 6.7 に $\kappa=1.4$ としたときの圧縮比と熱効率の関係を，締切比 σ をパラメータとして示す。締切比が大きいほど，すなわち，膨張してからの加熱割合が大きくなるほど，熱効率は低下することがわかる。

6.3.3 サバテサイクル

サバテサイクル（Sabathé cycle）は高速ディーゼル機関の理論サイクルであり，**図 6.8** のように加熱に定容加熱部分と定圧加熱部分があることが特徴で，**複合燃焼サイクル**（dual combustion cycle）とも呼ばれる。高速ディーゼル機関では，燃料噴射開始後の急激な燃焼とそれに続く膨張中の燃焼に分けられると考えるのである。加熱量は定容加熱量 Q_{1v} と定圧加熱量 Q_{1p} の合計であり式（6.13）で，冷却熱量 Q_2 は式（6.14）で表される。

$$Q_1 = Q_{1v} + Q_{1p} = mc_v(T_{2'} - T_2) + mc_p(T_3 - T_{2'}) \tag{6.13}$$

$$Q_2 = mc_v(T_4 - T_1) \tag{6.14}$$

また，**圧力上昇比**（pressure ratio）α と締切比 σ をそれぞれ次式

$$\alpha = \frac{p_{2'}}{p_2} \tag{6.15}$$

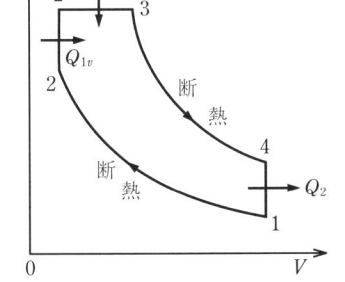

図 6.8 サバテサイクルの p-V 線図

$$\sigma = \frac{V_3}{V_{2'}} \tag{6.16}$$

で定義し，オットーサイクル，ディーゼルサイクルと同様の操作をすれば，サバテサイクルの理論熱効率 η_{thS} は

$$\eta_{thS} = \frac{Q_1 - Q_2}{Q_1} = 1 - \frac{Q_2}{Q_1} = 1 - \frac{1}{\varepsilon^{\kappa-1}} \frac{\alpha\sigma^{\kappa} - 1}{(\alpha - 1) + \kappa\alpha(\sigma - 1)} \tag{6.17}$$

となる．式（6.17）において，$\sigma=1$ とすれば，定圧過程での加熱がなく，オットーサイクルとなり，η_{thS} は η_{thO} に等しくなる．また，$\alpha=1$ では定容部分の加熱がなくディーゼルサイクルとなり，η_{thS} は η_{thD} に等しくなる．したがって，オットーサイクルとディーゼルサイクルはサバテサイクルの特別な場合であるということもできる．以上の三つのサイクルの理論熱効率を比較すると，圧縮比と加熱量が等しければ，$\eta_{thO} > \eta_{thS} > \eta_{thD}$ となる．

6.4 内燃機関の実際のサイクル

以上は空気を作動流体とした空気標準サイクルであるが，実際のサイクルではつぎに述べるように空気標準サイクルとは異なり，p-V 線図によって表される仕事は小さくなる．

〔1〕 **燃料空気サイクル** 実際の内燃機関では作動流体が空気だけではなく，圧縮時は空気または燃料と空気の混合気体であり，膨張時は燃焼ガスである．作動流体をこのようなガスにしたサイクルを**燃料空気サイクル**（fuel-air cycle）という．燃焼ガスの成分は N_2，CO_2，H_2O などであるが，比熱は空気より大きく燃焼後のガスの温度は空気標準サイクルより低くなる．したがって圧力は空気標準サイクルより低くなる．また，比熱比は空気より小さいので，図 6.5 に示されるように理論熱効率は空気の場合（$\kappa=1.4$）より小さくなる．

〔2〕 **熱解離** 内燃機関の燃料である石油類の成分はほとんどが炭化水素 C_nH_m であり，燃焼すると CO_2 と H_2O になるが，燃焼温度が高く

1 400 °C以上のときには**熱解離**（thermal dissociation）と呼ばれるつぎのような燃焼反応とは逆の反応を生じる。

$$2CO_2 \rightarrow 2CO + O_2 - 284.7 \, [MJ/kmol]$$

$$2H_2O \rightarrow 2H_2 + O_2 - 240.0 \, [MJ/kmol]$$

これらは吸熱反応であるから，燃焼ガスの温度は燃料の発熱量から計算した温度より低くなる。ただし，熱解離によって生じたC，Hは膨張過程で温度が低下すれば，燃焼反応を起こして，CO_2，H_2Oになるが，膨張過程での加熱ということになり，熱効率が低下する原因になる。

〔3〕 **ポリトロープ変化** 圧縮と膨張過程が断熱変化ではなくポリトロープ変化となる。すなわち，圧縮初期には作動流体より温度の高いシリンダ壁によって加熱されるので，$n>\kappa$となり，圧縮後期では逆に冷却されるので，$n<\kappa$となる。また，膨張過程では冷却されるので，$n>\kappa$となる。このときにはp-V線図において面積で表されるサイクルの仕事は小さくなる。

〔4〕 **燃焼が定容あるいは定圧ではない** 空気標準サイクルのオットーサイクルでは定容加熱としたが，これはピストンが上死点にある瞬間に加熱することを意味する。実際のサイクルでは，燃料の燃焼によって作動流体が加熱されるのであり，燃焼には時間を要する。すなわち，上死点前に点火し，上死点をすぎても燃焼が持続している。上死点前の燃焼は圧縮しているピストンを逆方向に押すことになりサイクルの仕事の減少をもたらす。また，上死点後の燃焼は圧縮比が低いときの燃焼で熱効率を低下させる。ディーゼルサイクルについても同様で，上死点前に燃料が噴射されて，燃焼を始め，締切比を過ぎて膨張中にも燃焼は持続して実際のサイクルの熱効率は理論熱効率より低い値になる。

火花点火機関のサイクルについて，空気標準サイクル（オットーサイクル），燃料空気サイクル，実際のサイクルをp-V線図で比較すると，**図6.9**のようになり，実際のサイクル仕事は最大熱効率のときでも空気理論サイクルのおよそ1/2程度になる。

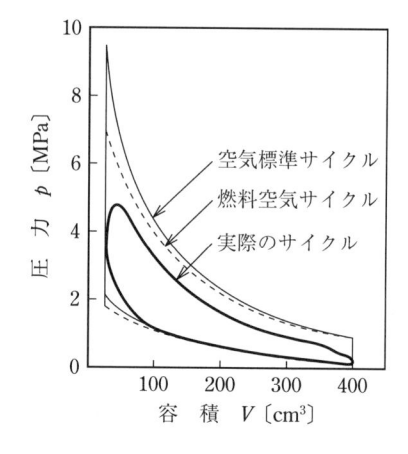

図6.9 理論サイクルと実際のサイクルとの比較

(グラフ：空気標準サイクル、燃料空気サイクル、実際のサイクル)

演 習 問 題

【1】 式（6.12）の η_{thD} と式（6.17）の η_{thS} を導け。

【2】 行程容積 1300 cc，すき間容積 150 cc のガソリン機関の理論熱効率はいくらか。（本章の演習問題【2】～【7】はすべて作動流体を空気とし，比熱比 $\kappa=1.40$，定圧比熱 $c_p=1.005$ kJ/(kg·K)，定容比熱 $c_v=0.716$ kJ/(kg·K)せよ。）

【3】 オットーサイクルにおいて圧縮初めの温度が 320 K，圧縮後の温度が 740 K であれば圧縮比はいくらであるか。また，このサイクルで出力を 8 kW にするにはサイクルに毎分いくらの熱を供給すればよいか。

【4】 オットーサイクルにおいて，圧縮初めの温度と圧力がそれぞれ $T_1=300$ K，$p_1=101$ kPa，圧縮比が $\varepsilon=8$ のとき，加熱量が $q_1=1500$ kJ/kg であれば，最高温度 T_3 と圧力 p_3 はいくらになるか。また，冷却熱量 q_2 はいくらか。

【5】 圧縮比 $\varepsilon=18$，締切比 $\sigma=2.0$，圧力上昇比 $\alpha=1.8$ のサバテサイクルの理論熱効率はいくらか。

【6】 ディーゼルサイクルにおいて，圧縮初めの圧力が 0.1 MPa，温度は 323 K である。圧縮比が 15 のとき，最高温度が 1920 K であれば締切比 σ はいくらか。また，作動流体 1 kg 当りの加熱量 q_1 と仕事量 L はいくらか。

【7】 最高温度 2100 K，最高圧力 5.5 MPa，最低温度 300 K，最低圧力 100 kPa の間で作動するディーゼルサイクルの圧縮比，締切比および理論熱効率を求めよ。

7

内燃機関の吸気と排気

　内燃機関ではシリンダ内で燃料を燃焼させるので，燃焼ガスは膨張後排出して燃焼用の空気をシリンダ内に取り入れなければならない。この吸気と排気は4サイクル機関では吸入弁と排気弁の開閉によって行い，これらの弁のない2サイクル機関ではシリンダ壁に設けた排気口と掃気口の開閉によって行う。本章では4サイクル機関と2サイクル機関の給気と排気の方法を説明する。

7.1　4サイクル機関の吸気と排気

7.1.1　体積効率と充塡効率

　吸入行程においてはできるだけ多くの新気をシリンダ内に吸入して燃焼に用いる必要がある。ところが，吸気の通路面積には限界があり，流動抵抗のため吸気量は制限され，シリンダ内は負圧になる。また，吸入される空気は高温部と接触するため温度が上がる。そうすると吸入される空気の質量はシリンダ行程容積と同体積の外気の質量より少なくなる。外気と同一条件の空気の行程容積分の質量に対する吸入空気の質量の割合を**体積効率**（volumetric efficiency）η_v という。図 **7.1** に示すように，ρ_a を外気状態での空気の密度，V_a を吸入した空気の質量 M の外気状態での体積，すなわち，$V_a = M/\rho_a$，V_s を行程容積とすると，体積効率は

$$\eta_v = \frac{M}{V_s \rho_a} = \frac{V_a \rho_a}{V_s \rho_a} = \frac{V_a}{V_s} \qquad (7.1)$$

で表される。吸気の流動抵抗が大きいほど吸入空気量は少なくなり，体積効率

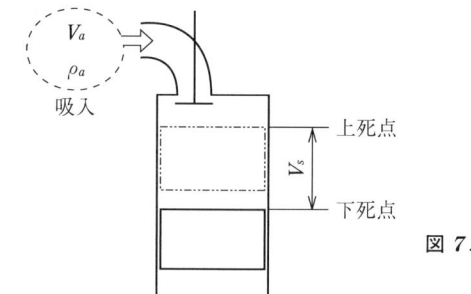

図 7.1 行程容積と吸入量

は低下する。

つぎに，標準状態（293 K，101.3 kPa）の空気の行程容積分の質量に対する吸入空気の質量の割合を**充塡効率**（charging efficiency）η_c という。すなわち，ρ_0 を標準状態の空気の密度とすると

$$\eta_c = \frac{M}{V_s \rho_0} = \frac{V_a \rho_a}{V_s \rho_0} = \eta_v \frac{\rho_a}{\rho_0} \tag{7.2}$$

ここで，$\rho_a = \dfrac{p_a}{RT_a}$，$\rho_0 = \dfrac{p_0}{RT_0}$ であるので

$$\eta_c = \eta_v \frac{p_a T_0}{p_0 T_a} \tag{7.3}$$

となる。体積効率はエンジンの吸気系統の構造で決まってくるが，充塡効率は外気条件も加えて決まる値である。地上運転では ρ_a はほとんど ρ_0 に等しいので体積効率と充塡効率はほぼ等しい。

行程容積が等しく，回転速度も同一のエンジンでは体積効率が大きいほど出力を大きくすることができる。高速回転のエンジンでは吸入弁を開いたときの通過断面積が小さいと気流は絞られ，体積効率は悪くなる。体積効率を大きくするためには弁面積を大きくとればよいが，シリンダヘッドの構造上で制限される。

7.1.2 動 弁 機 構

前述のように4サイクル機関の吸気と排気は吸入弁と排気弁の開閉によって行われるが，頭上弁型と呼ばれる弁の動弁機構を**図 7.2** 示す。弁を押して弁

7.1 4サイクル機関の吸気と排気

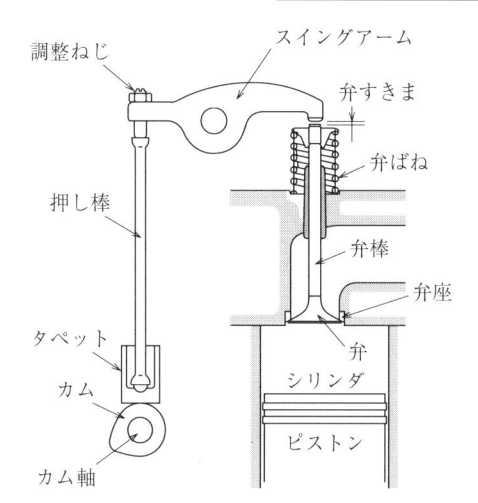

図 7.2 動弁機構

通路を開くには**カム**（cam）が用いられる。4サイクル機関ではクランク軸2回転について1サイクルをなすのでクランク軸とカム軸の回転数の比は2：1である。カム軸はクランク軸の近くにあれば歯車で駆動される。カム面とカム軸中心からの高さに従って**タペット**が押し上げられ，**押し棒**（push rod）で**スイングアーム**を押し上げる。スイングアームは弁ばねの力で閉じられている弁を押して弁通路を開く。押し棒および弁棒の熱膨張を吸収するためスイングアームと弁棒の間に弁すきまが設けられている。スイングアームの軸位置は押し棒側に寄っており，距離の比が1：1.2〜1.6であるが，高速回転エンジンほど押し棒の加速度を小さくするため押し棒側に近づいている。

弁には**吸入弁**（intake valve）と**排気弁**（exhaust valve）があり，吸入弁は新気によって冷却されるが，排気弁は高温の燃焼ガスにさらされている。したがって，排気弁は高温での強度とともに耐腐食性のあることが必要で，材質は炭素鋼のほかNi-Cr鋼，Si-Cr鋼などの特殊鋼が用いられる。さらに，排気弁は弁棒を太くしたり，弁座を広くして熱を逃がす工夫を施す。

吸入の体積効率を上げるためには弁の直径を大きく，また，最大揚程を大きくして弁通路面積を広くすればよい（**図 7.3**）。しかし，弁の直径はシリンダヘッドの大きさによって制限される。また，弁の加速度は最大揚程が大きいほ

図 7.3　弁の揚程　　　　図 7.4　弁の運動

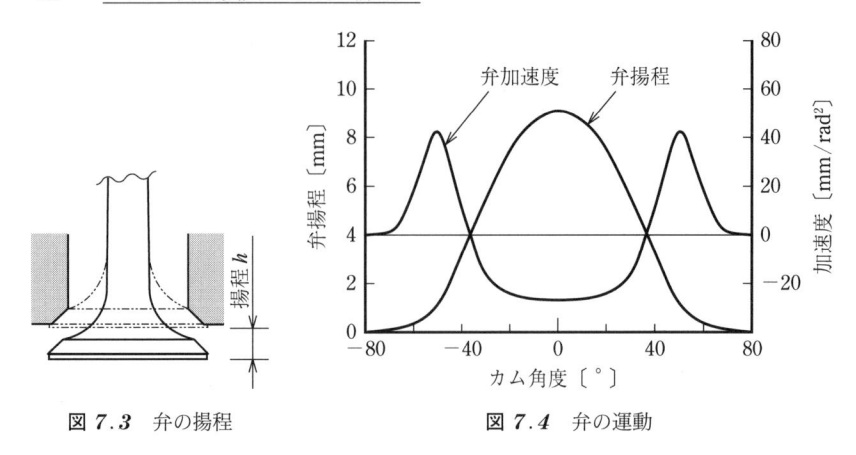

ど大きくなるので弁の運動から見ると揚程は小さいほどよい。このため弁の直径と最大揚程は弁通路を通過する気体の平均速度が $40 \sim 50$ m/s になるように決定される。

　弁の揚程とクランク角度の関係について述べると，原理的にはある角度で最大揚程になって持続し，ある角度で閉じれば効果的であるが，それでは弁の加速度が大きくなりカムに衝撃力が加わる。弁のクランク回転角を横軸に弁の揚程と加速度を縦軸にとった弁の実際の運動を図 7.4 に示す。図のように弁の運動を滑らかにして加速度が大きくならないようにする。

　弁を押して開くときの加速度はカムによって与えられ，負の加速度は弁ばねの押す力によって与えられる。加速度が正の場合には弁棒はカムが押すのでばねの反発力が弱くても問題はない。開弁中の減速時あるいは閉弁中の加速時はばねによって反対向きの加速度がつけられる。このときばねの反発力が弱ければばねはカム曲線に沿う加速度をつけることができず，カムとタペットが離れ，カム曲線と異なる運動をする。このような現象を「弁がおどる」と称している。これを防ぐにはばねの力を大きくするか，弁棒の質量を小さくする。ただし，図 7.2 のように弁棒のほか，押し棒，スイングアームが往復質量となる場合は等価換算質量を考える。ばねの力を大きくすると開弁力が大きくなり，接触部の摩耗も大きくなる。高回転のエンジンでは加速度が大きいので動

弁機構を単純にして，往復質量を小さくする必要がある。そのため，押し棒のない OHC（overhead camshaft，頭上カム軸）やカム軸を2本にしてスイングアームをなくした DOHC（double overhead camshaft）機構が用いられる（図 **7.5**）。頭上カム軸の場合，カム軸とクランク軸の間の距離は長くなるのでカム軸はチェーンまたは歯付きベルトで駆動されることが多い。

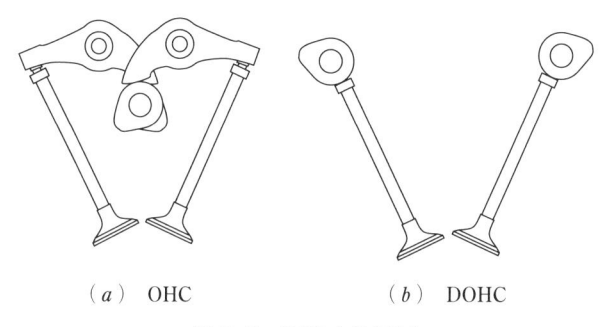

（*a*） OHC　　　　　　（*b*） DOHC

図 **7.5**　OHC と DOHC

7.1.3　弁の開閉時期

　クランク軸がきわめてゆっくり回転する場合には吸入弁は上死点から下死点までクランクの回転角で 180°開いていればよいが，実際のエンジンではピストンの動きは速いので速やかに燃焼ガスをシリンダから排出し，できるだけ多量の新気を吸入するように開弁期間は 180°より大きくとられる。図 **7.6** によって**弁開閉時期**（valve timing）を説明する。

　排気弁はピストンが下がりきらないとき，クランク角度が下死点前 30 ～ 80°で開き始める。このとき燃焼ガスは内圧によって排出されるが，この排気を吹き出しあるいは**ブローダウン**（blow down）という。しかし，排気弁を開く時期が早過ぎると膨張中のシリンダ内圧力が下がりピストンを押す仕事の損失となる。下死点を過ぎてピストンが上昇している間はピストンによって燃焼ガスは押し出される。排気弁を閉じる時期は上死点を過ぎてピストンが下がり始め，シリンダ内圧力と排気管の圧力が等しくなったときがよい。吸入弁についても新気の慣性のため流入が遅れるので，上死点前に開く。また，ピストン

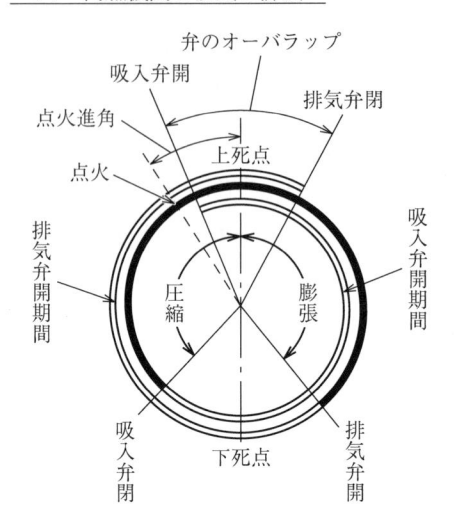

図 7.6 弁開閉時期

が下死点にきてもなお流入が続くので，ピストンが上昇を始めて新気が吸気管へ戻ろうとするときまで開いておく。このようにすると，排気行程の終わりから吸入行程にかけては排気弁と吸入弁の両方が開いている期間がある。これを**弁のオーバラップ**（valve overlap）という。クランク軸の回転角度に対しては高速回転のエンジンほど気流の慣性の影響が大きく，オーバラップの角度が大きくなる。

7.2　2サイクル機関の吸気と排気

2サイクル機関ではピストンが1往復する間に吸気，圧縮，膨張，排気の四つの動作を行わなくてはならない。図 7.7 にピストン位置とシリンダ内圧力変化の関係を示す。ピストンが右へ移動し，排気口が開かれると燃焼ガスが排出され，シリンダ内圧力は急に低下する。続いて掃気口が開くと，新気が流入して燃焼ガスをさらに押し出す。これが**掃気**である。燃焼ガスが掃気口に逆流しないためには掃気口が開くときシリンダ内の圧力が掃気圧より低くなっている必要がある。新気の圧力を上げてシリンダ内に送る方法にはクランク室式と過給機式がある。クランク室式では新気がクランク室に吸入された後，ピスト

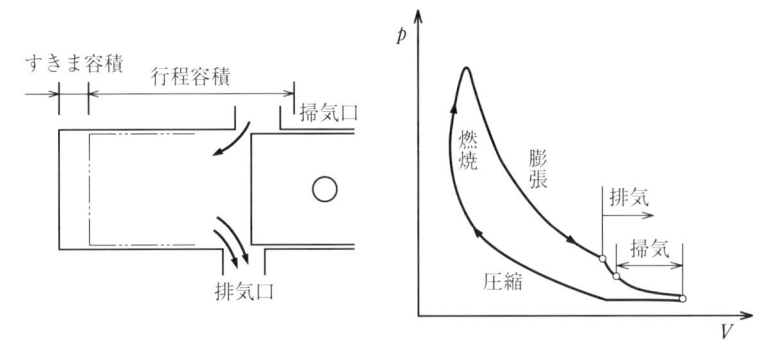

(a) ピストン位置   (b) シリンダ内圧力変化

図 7.7　ピストン位置とシリンダ内圧力変化

ンの下降によって圧縮されて掃気口からシリンダに入る（図 6.2 参照）。過給機式では空気圧縮機で新気を圧縮してシリンダに送る。圧縮機としては図 7.8 に示すルーツ式ブロワが用いられことが多い。

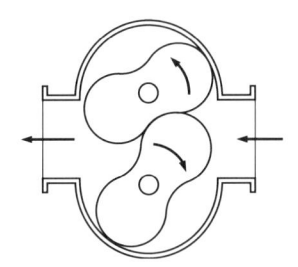

図 7.8　ルーツ式ブロワ

　掃気においては新気と燃焼ガスが混じることなく，かつ燃焼ガスをすべてシリンダ内から排出することが理想であるが，実際には燃焼ガスが残留し，また，新気の一部は燃焼ガスに混じって排気口から出て行く。新気の素通りについてはガソリンと空気の混合気を吸入するガソリン機関では素通りした燃料の炭化水素（HC）が大気中に放出されて大気汚染の原因となる。一方，ディーゼル機関では空気のみを吸入するので，燃料の素通りは生じない。2サイクル機関はディーゼル機関に適している。掃気の性能を表す効率に**掃気効率**（scavenging efficiency）η_s，**給気効率**（trapping efficiency）η_{tr}，**給気比**（delivery ratio）Γ があり，つぎのように定義される。

1) 掃気効率

$$\eta_s = \frac{M_n}{M_t} \tag{7.4}$$

　　M_n：掃気後シリンダ内にとどまった新気の質量

　　M_t：掃気後のシリンダ内の全ガスの質量

2) 給気効率

$$\eta_{tr} = \frac{M_n}{M_s} \tag{7.5}$$

　　M_s：供給された新気の質量

3) 給気比

$$\Gamma = \frac{M_s}{M_h} \tag{7.6}$$

　　M_h：新気の行程容積分の外気状態での質量

　掃気が完了したときシリンダ内にある全ガスの質量に対する新気の質量の比が掃気効率で，供給した新気がシリンダ内にとどまる質量の比が給気効率である。吸気量，したがって給気比を大きくすれば掃気効率は上がるが，給気効率は下がる関係にある。掃気においてはシリンダ内の燃焼ガスをできるだけ新気で置き換えること，すなわち掃気効率を上げることおよび新気の素通りを防ぐこと，すなわち給気効率を上げることが要求される。

　2サイクル機関の掃気方法については，つぎの種類がある（**図 7.9**）。

〔**1**〕**横断掃気**（cross scavenging）　　図（a）は横断掃気と呼ばれ，シリンダ下部で掃気口と排気口が向かい合って設けられており，ピストンが下がると，先に少し高い位置にある排気口が開き，高圧の燃焼ガスが排出される。さらにピストンが下がると掃気口から新気が入って燃焼ガスを押し出す。新気の素通りを少なくするためにピストン頭部には**デフレクタ**（deflector）と呼ばれる山形の突起を付けて新気の流れを変えシリンダ全体から燃焼ガスを押し出すようにする。ピストンが上昇するとまず掃気口が閉じ，続いて排気口が閉じ，圧縮過程に入る。

〔**2**〕**反転掃気**（loop scavenging）　　図（b）は排気口と掃気口をシリ

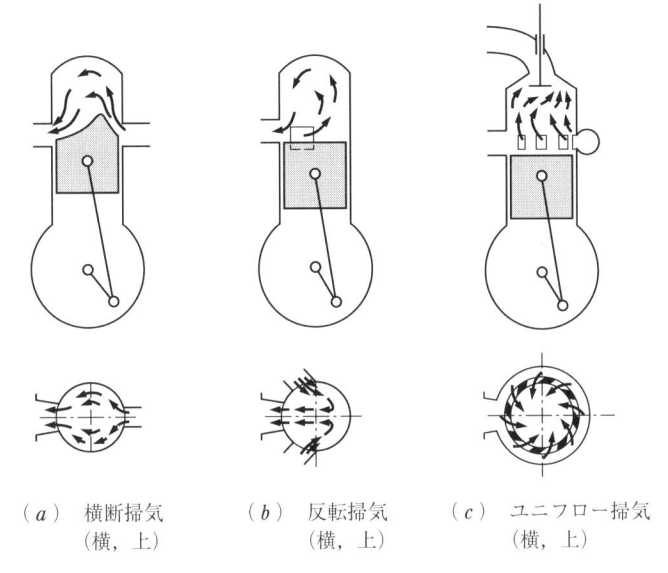

(a) 横断掃気　　(b) 反転掃気　　(c) ユニフロー掃気
　　(横, 上)　　　　　(横, 上)　　　　　　(横, 上)

図 7.9　2 サイクル機関の掃気方法

ンダの同じ側に付け，新気をシリンダの中で反転させて掃気し，素通りを少なくする構造で反転掃気と呼ばれる。

〔3〕**ユニフロー掃気**（uniflow scavenging）　単流掃気とも呼ばれ，全周に設けられた掃気口から入ってきた新気は軸方向に流れて掃気する。図 (c) は排気弁を設けた例である。排気弁をつけた場合，掃気効率は良いが弁装置など機構が複雑になる。

7.3　過　　給

エンジンの出力を大きくするには空気の吸入量を多くする必要がある。そのためには回転速度を上げるか行程容積を大きくすればよいが，回転速度には限界がある。限られた行程容積で出力を増大させるには吸入空気を圧縮してシリンダに送り込むことが有効である。これを**過給**（supercharge）という。航空機用のエンジンでは外気の圧力が低くなり充填効率が下がるので出力が低下す

7. 内燃機関の吸気と排気

る。このようなときは過給により出力低下を防ぐことができる。自動車用のガソリン機関も過給されるものがある。

過給装置としてはクランク軸の出力を用いて圧縮機を駆動する**機械駆動式過給機**（mechanical supercharger）と排気ガスで駆動される**排気タービン過給機**（exhaust gas turbo-charger）がある。機械駆動式過給機は単にスーパチャージャとも呼ばれ，クランク軸の出力を増速してルーツ式ブロワを圧縮機として駆動するのが一般的である。排気タービン過給機はターボチャージャとも呼ばれ，排気ガスでタービンを高速回転させ，直結された遠心式空気圧縮機で空気を圧縮し，吸気管に送る。

断熱圧縮された空気は温度が上がっているので，そのままでは空気密度の増大が減じられ過給の効果が下がるのと，ガソリン機関では過給すると圧縮後の空気の温度が高くなりノックを起こしやすいので圧縮機を出たところで冷却する場合がある。この冷却器をインタクーラという。

ディーゼル機関では過給すると圧縮後の空気の温度が高くなり燃焼が良くなる。特に大形ディーゼル機関では回転速度が小さいので出力増大のためには過給はきわめて有効な手段である。大形・中形ディーゼル機関ではほとんどの2サイクル機関，4サイクル機関で排気タービン過給が行われている。図 **7.10**

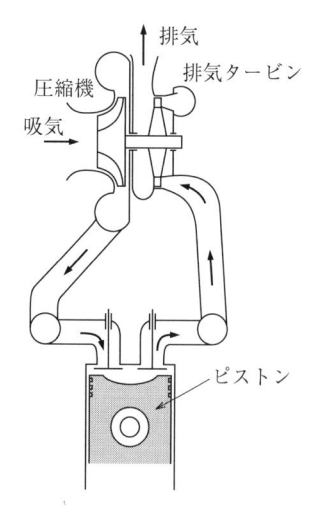

図 **7.10** ディーゼル機関のターボチャージャの構成

はディーゼル機関のターボチャージャの構成を示す。

演 習 問 題

【1】 総排気量 2 000 cc の 4 サイクルガソリン機関の運転を行った。回転速度が 3 000 rpm のとき吸入空気の流量が 2.3 m³/min であった。このとき体積効率はいくらか。

【2】 あるガソリン機関が 32 ℃，100 kPa の大気中で，体積効率 $\eta_v = 0.78$ で運転されるとき，充塡効率はいくらになるか。また，大気条件が 0 ℃，80 kPa の高空のときはどうか。

【3】 シリンダ直径 68 mm，行程長さ 70 mm，4 サイクル，4 気筒のガソリン機関が回転速度 3 000 rpm で運転されている。このときの体積効率は 83 %，外気の密度は 1.26 kg/m³ で発熱量 44 000 kJ/kg の燃料を空燃比 15.0 で燃焼させたとき発熱量の 23 % の出力が得られるとすると出力はいくらか。

【4】 クランク室圧縮式の 2 サイクル機関ではクランク室の容積を小さくする必要がある。その理由を述べよ。

【5】 動弁機構において，なぜ弁すきまが必要か。

【6】 高速回転のエンジンでは OHC あるいは DOHC の機構が採用される理由を説明せよ。

【7】 弁のオーバラップとはなにか。また，なぜ弁のオーバラップが必要かを説明せよ。

8

ガソリン機関

　ガソリン機関の理論サイクルは定容変化を行うオットーサイクルで，揮発性の良いガソリンを気化して空気とともに燃焼室に吸入して，電気火花によって点火し，速やかに燃焼させる。高速回転ができるので，小形で大きい出力を得ることができる上，始動，運転が容易なので，自動車，バイクなどの交通機関や小形の汎用エンジンに用いられている。本章ではガソリン機関の燃焼について述べ，燃料供給装置，点火装置などガソリン機関に特有の装置について述べる。

8.1 ガソリン機関の燃焼

8.1.1 ガソリン機関の燃焼過程

　ガソリン機関ではガソリン蒸気と空気の混合気体に点火してシリンダ内で燃焼させるが，このように気体燃料と空気の混合気体の燃焼を**予混合燃焼**（premixed combustion）という。この場合，混合気の燃料の濃度が高すぎても，低すぎても燃焼しない。燃焼する限界の濃度を**可燃限界**（limit of inflammability）という。ガソリンでは燃料が濃厚側の可燃限界は空燃比で8程度，希薄側の可燃限界は22程度である。また，ガソリンの場合理論混合比は空燃比で約14.7である。

　予混合燃焼では燃焼ガスと未燃ガスの境界が明確でこの境界を**火炎面**（flame front）という。可燃限界内の濃度の混合気に点火すると点火した位置から火炎面が拡がっていく。この拡がる速度を**燃焼速度**（burning velocity）という。燃焼速度は混合気の空燃比，圧力，温度によって変わるが，このうち

空燃比の影響が大きく，理論混合比より少し濃厚混合のときに最大になる。また，混合気が流動している場合には流速が加わった値が火炎速度になる。ガソリン機関の場合，火炎速度は 20 〜 25 m/s である。したがって，**火炎伝播距離**が 5 cm の燃焼室であれば 2 ms 程度で燃焼を終わることになる。このように点火プラグで点火されて発生した火炎面がシリンダ壁面に達するまで伝播する燃焼を**正常燃焼**（normal combustion）という。

8.1.2 点 火 時 期

オットーサイクルは上死点で受熱するサイクルであるが，実際のガソリン機関では燃焼に時間がかかる。p-V 線図で図示される仕事を大きくするためには着火と最高圧力の中間が上死点になるのがよいとされている。**図 8.1** にクランク回転角と点火時期，圧力変化の関係を示す。着火遅れと火炎伝播時間を考慮すると図に示すように上死点前の角 θ で点火すればよい。この角度 θ を**点火進角**（ignition advance）という。エンジンの速度が速くなれば点火進角を大きくするが，ガス流動速度も大きくなって火炎速度も速いので回転速度に比例するほどは大きくしなくてよい。

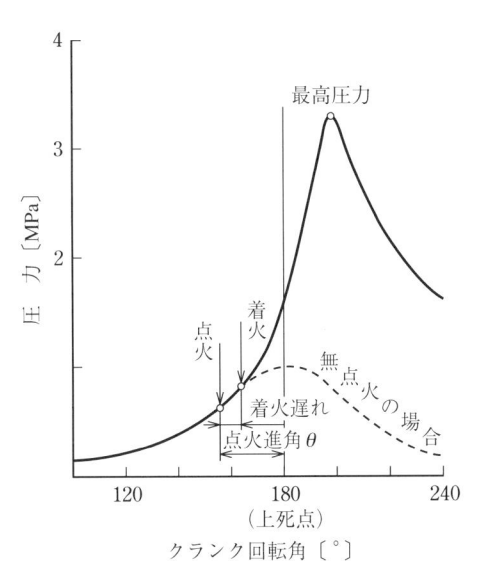

図 8.1 シリンダ内圧力変化

8.1.3 異常燃焼

ガソリン機関の燃焼では正常燃焼のほかにノックや過早点火，表面点火と呼ばれる異常燃焼が起こることがある。点火プラグが火花放電する前に過熱された点火プラグが点火源になって点火することを**過早点火**（premature ignition），シリンダヘッドあるいはピストンの突起部が過熱されて点火源になることを**表面点火**（surface ignition）と呼ぶ。金属をたたくような音を発生する**ノック**（knock）も異常燃焼の一つであり，これはつぎのようなメカニズムで生じると考えられている。

図 8.2 に示すように点火とそれに続く火炎伝播は正常に行われるが，燃焼ガスは高温高圧になるので火炎伝播の進行とともに末端の未燃ガスは断熱圧縮されて温度が上がる。末端ガスが自発火温度に達するとわずかな着火遅れの後，**自発火**（self-ignition）する。

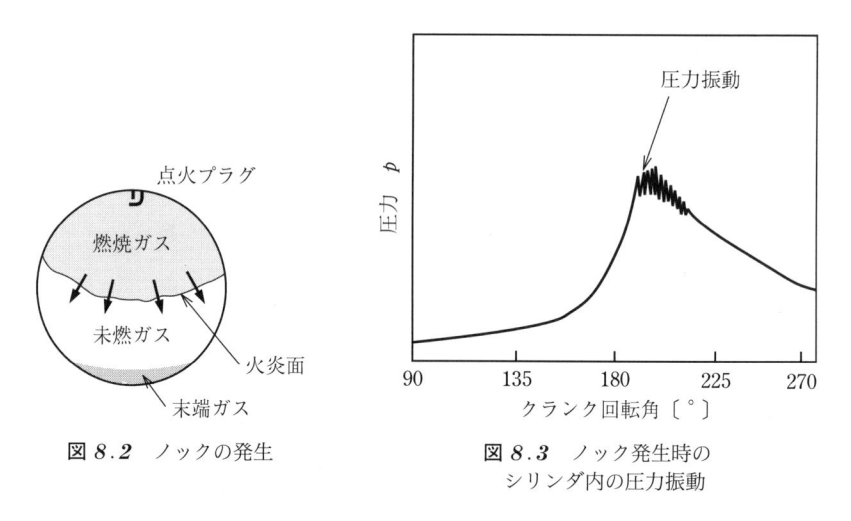

図 8.2 ノックの発生

図 8.3 ノック発生時のシリンダ内の圧力振動

この自発火による燃焼は急激に行われ，圧力は衝撃的に上昇する。発生した圧力波はシリンダ壁に衝突して反射を繰り返し，数 kHz のノック音となる。ノックが生じたときのシリンダ内の圧力振動の測定例を図 8.3 に示す。

ノックが生じると燃焼室内面の伝熱が促進され，ピストン頭部が高温になり，ノックを伴って運転を続けるとピストンリングの焼き付きを起こしたり，

排気弁が過熱されて損傷を招く．

　エンジンの構造面では高い圧縮比あるいは大きいシリンダがノックの原因になる．圧縮比が高いと断熱圧縮された混合気が点火時にすでに高温になっているので自発火を起こしやすく，また，シリンダが大きいと火炎伝播時間が長くなりその間に自発火しやすい．運転面では高負荷時の低速運転がノックの原因になる．高負荷時には吸入される混合気が多く，圧縮されると高圧高温なる．このとき低速運転すると燃焼時のガス流動が十分でなく火炎速度が遅くなり，火炎が末端ガスに到達するまでに自発火する．

　ノックは正常な火炎が伝播してくる前に末端の未燃ガスが高温になって自発火することで生じるのであるから，自発火温度が高く，自発火温度になっても着火が遅い，すなわち着火遅れの長い燃料が**アンチノック性**に優れていることになる．さらに，ノックを防止するためにはつぎのことが重要である．エンジンの構造面では点火プラグから燃焼室末端までの距離が短いコンパクトな燃焼室とし，シリンダヘッドの中央に点火プラグをつけるのがよい．運転面では過負荷・低速運転を避けることである．また，点火時期を遅らせると最高圧力が下がり，出力は小さくなるが，ノックを防ぐことができる．

8.1.4 オクタン価

　燃料のアンチノック性を表す尺度に**オクタン価**（octane number）がある．ある燃料がアンチノック性に優れたイソオクタン（C_8H_{18}）の体積 x ％とノックを起こしやすい燃料であるノルマルヘプタン（C_7H_{16}）が $(100-x)$ ％の混合燃料と同じアンチノック性を示すとき，その燃料のオクタン価が x であるという．オクタン価が高いほどノックを起こしにくい．

8.2　燃料供給装置

　ガソリン機関では点火前にガソリンと空気の可燃混合気を作る必要がある．混合気を作るには気化器による方法と燃料噴射による方法がある．以下それら

8.2.1 気化器

基本的な**気化器**（carburettor）の構造を図 8.4 に示す。シリンダ内のピストンの移動によって空気が吸入され，**ベンチュリ**（Venturi）ののど部（断面積が最小のところ）の流速は速くなるので圧力がフロート室の圧力より低くなり，ノズルから燃料を吸い出す。ノズルから出た燃料は空気流によって引きちぎられて霧状になり蒸発してシリンダ内に入る。フロート室では落下式あるいは燃料ポンプから送られてきた燃料の液面がフロートによって一定高さに保たれている。下流の**絞り弁**（throttle valve）は出力調整用の弁で，出力を上げるときは多量の混合気を必要とするので，絞り弁を開く。ベンチュリの上流にある弁は**チョーク弁**（choke valve）と呼ばれる。エンジンが冷えているときにはガソリンの気化が悪く希薄混合気になるため，始動が困難である。このとき，チョーク弁を閉じて流路を狭くすると，吸入時に下流の圧力が低くなり，多量の燃料がノズルから吸い出され，点火に必要な濃度の混合気になり，始動が容易になる。

図 8.4 のような単純気化器では吸入空気量が少ないときには燃料を吸い出す負圧が小さく，燃料流量は空気流量の減少以上に減少し，希薄混合気になる。反対に，空気流量が多いと濃厚混合になる。また，急加速時には空気流量の増加に比べて燃料の流量増加が慣性のため遅れる。このため，実用される気化器では空気流量に応じた混合比調整装置や急加速のための加速ポンプなどが取り付けられ複雑になっているものがある。

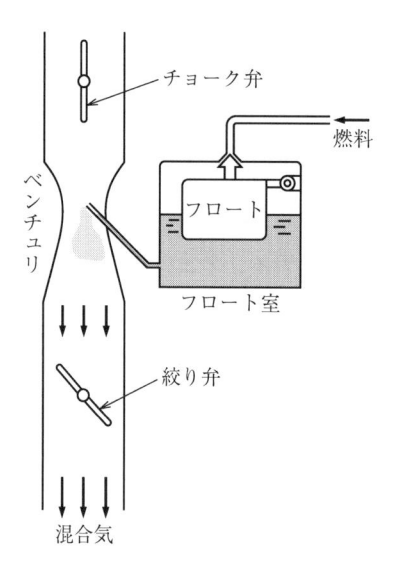

図 8.4　気化器の構造

8.2.2 燃料噴射装置

　気化器は構造が簡単であるが，ベンチュリが抵抗になり，吸気量が少なくなることや空燃比を確実にコントロールすることが困難であるという欠点がある。電子制御式**燃料噴射装置**（fuel injection system）はエンジンに吸入される空気流量を計測し，運転条件によって定められた空燃比になるように燃料を計量噴射する装置である。吸入空気量を計測する方法には吸気管の流速を直接測定するマスフロー方式，吸気管圧力とエンジンの回転速度から吸入空気量を推定するスピードデンシティ方式および絞り弁開度と回転速度から推定するスロットルスピード方式がある。図 8.5 に電子制御式燃料噴射装置の系統図の例を示す。

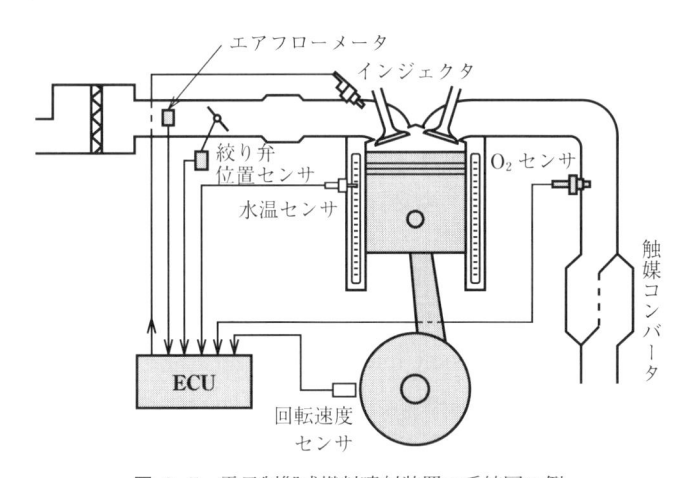

図 8.5　電子制御式燃料噴射装置の系統図の例

　この場合，吸入空気量はエアフローメータ（空気流量計）で測定され，エンジンの運転状態として絞り弁開度（スロットルポジション），吸気温度，冷却水温度，回転速度，排ガス中の O_2 濃度を測定する。**電子制御ユニット**（ECU，electronic control unit）はこれらの信号から燃料噴射量を決定し，噴射信号をインジェクタに与えて噴射する。噴射量はインジェクタの噴射時間によって制御される。エアフローメータとしては熱線式，ベーン式，カルマン渦式がある。これらのうち熱線式が多く使用されるが，熱線式エアフローメータの原理

は図 **8.6**（a）に示すように，電流を流して加熱した白金線を気流中に置いたとき，流速が速いほどよく冷却されるという性質を利用するものである。熱線の温度 T_h と空気の温度 T_r の差を一定に保つように電流 I をコントロールし，そのときの電圧 V を測定して流量を求める。流量と電圧の関係は図（b）のようになるので，電圧 V から流量を求めることができる。

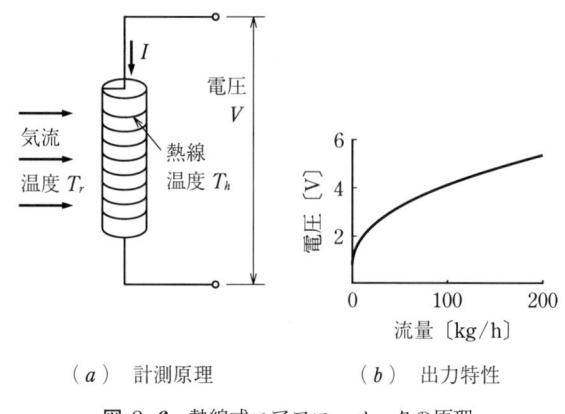

（a）　計測原理　　　　　（b）　出力特性

図 **8.6**　熱線式エアフローメータの原理

ガソリンの噴射位置は吸気管内の絞り弁の下流の1か所に噴射する SPI（single point injection）と吸気管がシリンダに分岐したところでシリンダごとに噴射する MPI（multi-point injection）がある。SPI に用いられるインジェクタの例を図 **8.7** に示す。燃料のガソリンは 200 kPa 程度の圧力をかけら

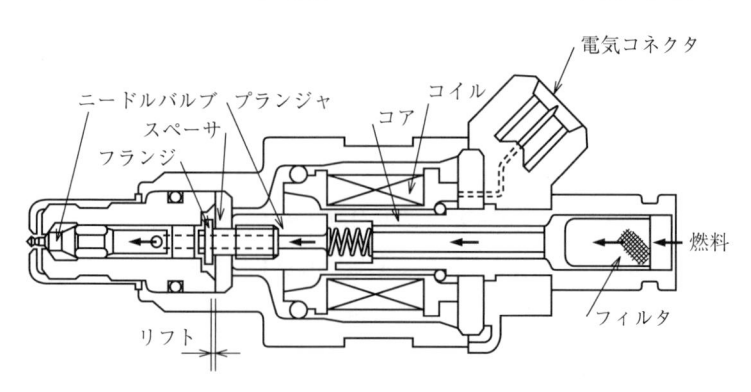

図 **8.7**　SPI に用いられるインジェクタの例

れ，フィルタを通過して矢印の方向に進む。ソレノイドに電流を流すと，フランジ部がスペーサに当たるまでプランジャを引っ張り，プランジャに固定されたニードルバルブを開く。燃料の噴射量は通電時間によって決定される。

8.3 点火装置

ガソリン機関の点火は，**点火プラグ**（ignition plug）の電極間に 10〜35 kV の高電圧をかけて放電させる火花による。点火装置は適切なクランク位置で点火に必要なエネルギーの火花を発生させなければならない。点火装置には高電圧電源としてバッテリーを用いる**バッテリー式点火装置**と磁石発電機を用いる**磁石発電機式点火装置**がある。

バッテリー式点火装置は自動車用ガソリン機関に用いられる。図 8.8 にその回路図を示す。12 V のバッテリーを電源として，**点火コイル**（ignition coil），イグナイタ，**配電器**（ディストリビュータ，distributor）で構成されている。点火コイルは鉄心のまわりに細い銅線を 10 000〜30 000 回巻いた二次コイルとその上に重ねて銅線を 150〜400 回巻いた一次コイルでできている。クランクの位置，回転速度と吸気量をセンサで検出し，前述の ECU で点火進角を決定し，一次コイルの通電と遮断の信号をイグナイタに送る。イグナイタは ECU から送られてきた信号に基いてパワートランジスタを駆動し，点

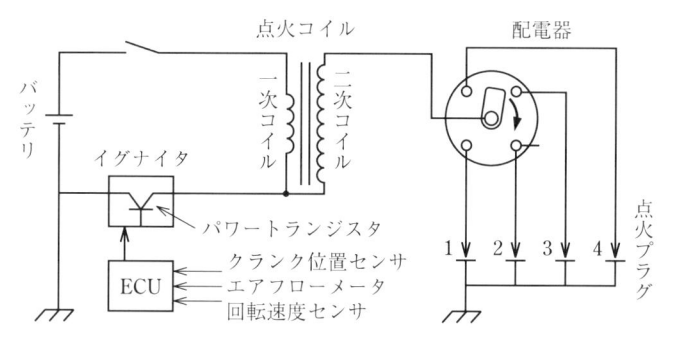

図 8.8 バッテリー式点火装置の回路図

火コイルの一次コイルの電流をオン・オフする。点火コイルの一次側電流が遮断されるとき電磁誘導によって二次コイル側回路に高電圧が発生するので，配電器によって点火プラグに分配して火花を発生させる。図 8.8 は 4 気筒の場合である。

磁石発電機式点火装置の概要を図 8.9 に示す。永久磁石の中を一次コイルと二次コイルを巻いた**電機子**を回転させると一次コイル回路には 1 回転について 2 回最大電流が生じる。このとき一次コイルを含む回路を遮断すれば二次回路

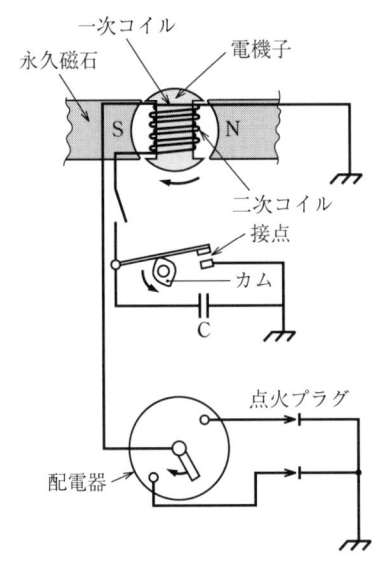

図 8.9 磁石発電機式点火装置

に高電圧が生じる。これを配電器に導いて各シリンダの点火プラグに配電する。電機子の 1 回転について遮断の機会が 2 回あるので，4 サイクル 4 気筒では電機子の回転数はクランク軸と同一回転数でよいことになる。

8.4 点 火 プ ラ グ

点火プラグの構造は図 8.10 に示すとおりで，シリンダヘッドにねじ込まれ，電極部分が燃焼室に突き出ている。電極間に高電圧をかけて火花を発生させる。点火プラグに要求される事項は耐熱性，絶縁部の絶縁性，電極の損耗が少ないことである。点火プラグの中心電極と外側電極のすき間を火花ギャップという。火花ギャップはバッテリー点火方式では 0.6～0.8 mm，磁石発電機方式の場合は 0.4～0.5 mm である。電極部の温度は重要で，850～900 °C 以上になると火花が飛ぶ前に混合気に点火する**過早点火**を生じやすくなる。また，電極部の温度が低すぎるとすすが付着して火花放電を妨げる「くすぶり」現象を起こす。電極周辺温度が 450～500 °C になると付着カーボンは焼失する

ので，この温度を**自己清浄温度**（self-cleaning temperature）という。

高温の燃焼室では熱を逃がしやすい「冷え形」と呼ばれる点火プラグを用い，燃焼室がそれほど高温にならないエンジンでは熱を逃がしにくい「焼け形」と呼ばれるものを用いて電極部が自己清浄温度と過早点火温度の間の温度になるようにする。

多シリンダ機関の**点火順序**（firing order）については，爆発が等間隔で行われること，軸受荷重が過大にならないようになるべく隣り合ったシリンダで続いて爆発しないことなどを考慮して決められる。直列形多シリンダ機関においてよく用いられるクランク配置と点火順序を**表 8.1** に示す。ディーゼル機関の場合は燃料噴射順序と考えればよい。

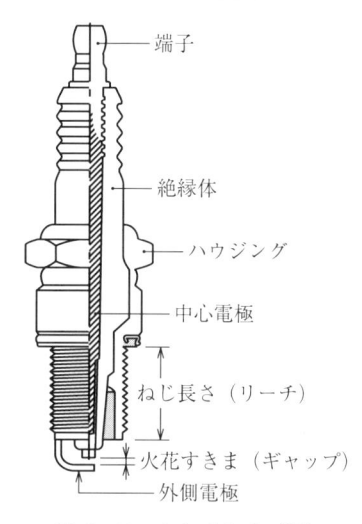

図 8.10 点火プラグの構造

表 8.1 直列形多シリンダ機関のクランク配置と点火順序

シリンダ数	2サイクル		4サイクル	
	クランク配置	点火順序	クランク配置	点火順序
3		1→3→2		1→3→2
4		1→3→2→4		1→3→2→4
6		1→6→2→4→3→5		1→5→3→6→2→4

8.5　ガソリン機関の燃焼室

燃焼室（combustion chamber）とはピストンが上死点にあるときの隙間部分のことで，その形状はエンジンの性能に大きく影響する。燃焼室の形状で重要なこととして①火炎伝播距離が短いこと，②圧縮時に混合気に渦流をつくり，火炎速度を大きくできること（以上の二つはノック防止の面から），③吸排気の効率を良くするため弁面積を大きくとれること，④燃焼室体積に対する表面積の割合が小さく熱損失を小さくできること，が挙げられる。燃焼室の形状は弁の配置と大いに関係があるが，実用されている燃焼室の形状には**図 8.11** に示すように**側弁形**（side valve type, L-head）（図（a）），**頭上弁・側弁併用形**（F-head）（図（b）），**頭上弁形**（overhead valve type, I-head）（図（c））がある。側弁形は伝熱面積が広く熱損失が大きい上，圧縮比を大きくとれないが，動弁機構が簡単であり小形で安価なガソリン機関に用いられる。頭上弁・側弁併用形は弁面積を大きくとれるが動弁機構が複雑になる。頭上弁形はシリンダヘッドに吸入弁と排気弁を配置したコンパクトな燃焼室で動弁機構は複雑になるが，アンチノック性にすぐれ，圧縮比を大きくで

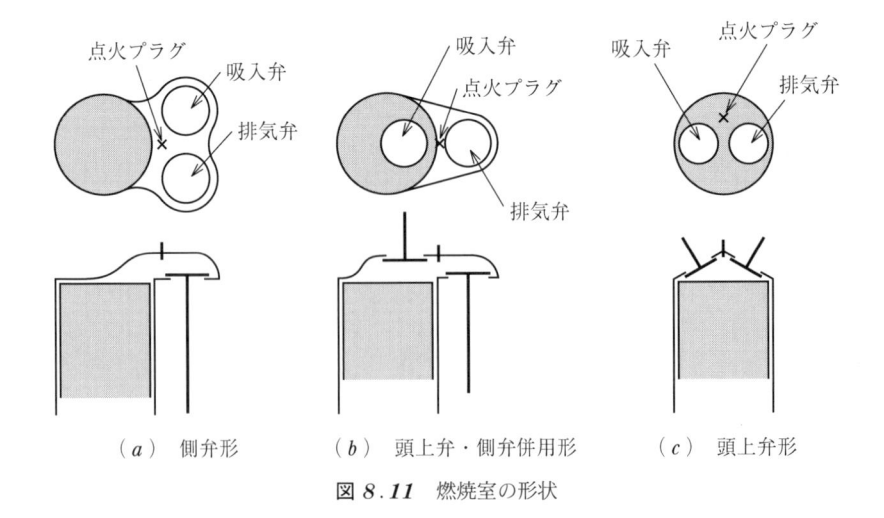

　　　（a）側弁形　　　　（b）頭上弁・側弁併用形　　　（c）頭上弁形

図 8.11　燃焼室の形状

き，熱効率がよく，高性能ガソリン機関に採用されている。

8.6 ガソリン機関が排出する有害ガス成分

　ガソリン機関の排気管から排出される有害ガス成分には**炭化水素**（HC），**一酸化炭素**（CO），**窒素酸化物**（NOx）がある。このうち炭化水素と一酸化炭素は燃料の不完全燃焼で生じるものである。炭化水素は未燃のガソリン蒸気がピストンとシリンダの間のすきまを通過してクランク室へ入った**ブローバイガス**が大気中に放出されて出る場合もある。このため，一般にはブローバイガスを吸気管に戻すようにしている。窒素酸化物はNO, NO_2 などを総称したものであるが，燃焼温度が高いときに生じる。排気ガスの一部を吸気管に戻す**排気ガス再循環**（exhaust gas recirculation, EGR）によって燃焼温度を下げてNOxを低減化する方法がある。また，排気ガスが一つの触媒を通過する間にHCとCOの酸化とNOxの還元を同時に行う**三元触媒**（three way catalytic convertor）を用いて無害化する方法もある。ただし，この三元触媒の浄化特性は図 **8.12** に示すように理論混合比付近で燃焼させた場合に限られる。そのためには排気ガスの酸素濃度を測定し燃料噴射量をフィードバック制御す

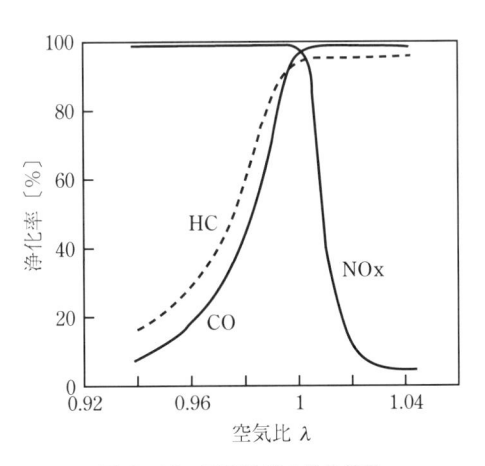

図 **8.12** 三元触媒の浄化特性

る必要がある。

演 習 問 題

【1】 連続の式とベルヌーイの定理を用いてガソリン機関においてベンチュリののど部の圧力について説明せよ。

【2】 オクタン価 80 とはどういう意味か。

【3】 気温が低いとき冷えた気化器付きのエンジンを始動するときどのような操作をすればよいか。

【4】 ガソリン機関の回転数には限界があるが、その要因はなにか。

【5】 シリンダ直径 80 mm で点火プラグがシリンダヘッドの中心にあるガソリン機関を 4 200 rpm で運転するとき、着火から上死点までの時間と上死点から最高圧力になるまでの時間を等しくしようとすると、点火進角をいくらにすればよいか。ただし、着火遅れを 0.5 ms、火炎速度を 20 m/s とする。

【6】 三元触媒を用いて排気ガスの浄化を行う場合の空燃比のフィードバック制御について調べよ。

【7】 点火コイルの働きについて調べよ。

【8】 総排気量が 2 000 cc、4 サイクル、4 シリンダのガソリン機関を運転するとき、給気の体積効率が 85 % であれば、空燃比を 14.0 にするためには 1 サイクル 1 シリンダ当りのガソリン噴射量をいくらにすればよいか。ただし、空気（外気）の密度は 1.29 kg/m³ とする。

9

ディーゼル機関

　ディーゼル機関は，熱効率の高い内燃機関として発電用・車両用・船舶用・工場動力用原動機として用いられている。熱効率は40数％にも達し，近年省エネルギーの面から蒸気ボイラ・熱交換器との組み合わせによるコンバインドサイクルシステムに組み込むと，総合熱効率は50数％に達している。高速ディーゼル機関は自動車などに用いられ，燃料として軽油が使われる。中・低速ディーゼル機関は船などに用いられ，A重油や比較的低質な重油が使用されている。また，大形には2サイクル，中小形は4サイクルが多く用いられる。

9.1　ディーゼル機関の作動原理と燃焼過程

　ディーゼル機関（Diesel engine）はシリンダ内に吸入した空気を高圧（3～5 MPa）に圧縮して高温状態にしたところへ，燃料を高圧噴霧して着火させる機関である。燃料は軽油・A重油をはじめ比較的低質な燃料を用いることも試みられている。図 *9.1* にディーゼル機関の構造図の例を示す。

9.1.1　作　動　原　理
　ガソリン機関は点火プラグによる火花点火方式であるのに対して，ディーゼル機関はシリンダ内に空気を吸入して圧縮（圧縮比12～22くらい）し，高温・高圧状態になったところに，燃料噴射弁から燃料を噴射して着火させて燃焼させる。

　〔1〕**4サイクルディーゼル機関**　　4サイクルディーゼル機関は，吸気・

9. ディーゼル機関

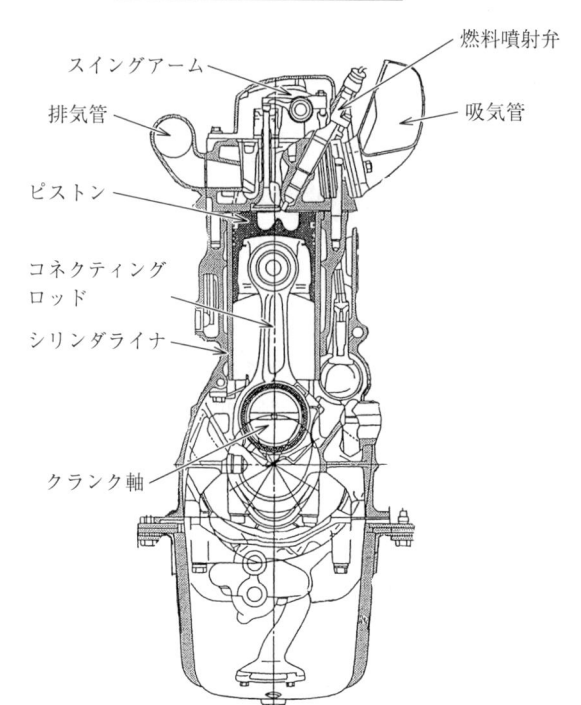

図 9.1 ディーゼル機関の構造図

(ラベル: スイングアーム、燃料噴射弁、排気管、吸気管、ピストン、コネクティングロッド、シリンダライナ、クランク軸)

圧縮・膨張・排気の4行程行い，クランク軸は2回転してサイクルが完了する。図 **9.2** に4サイクルディーゼル機関の作動行程と図 **9.3** に p-V 線図を示す。

吸入行程：吸気弁より新しい空気が吸入される（A → B）。

圧縮行程：吸入された空気をピストンが上昇して圧縮して，空気温度も 500 〜 700 °C 以上になる。圧縮行程の終わり（上死点手前）で燃料が噴射され自着火して圧力・温度が上昇する（B → C）。

膨張行程：燃焼によりシリンダ内の気体が膨張して，ピストンを押し下げる（C → D → E）。

排気行程：排気弁が開かれ，ピストンが上昇して排気ガスを押し出す（E → B → A）。

〔2〕 **2サイクルディーゼル機関** 2サイクルディーゼル機関は下降行程と上昇行程とからなり，クランク軸の1回転によりサイクルが完了する。シリ

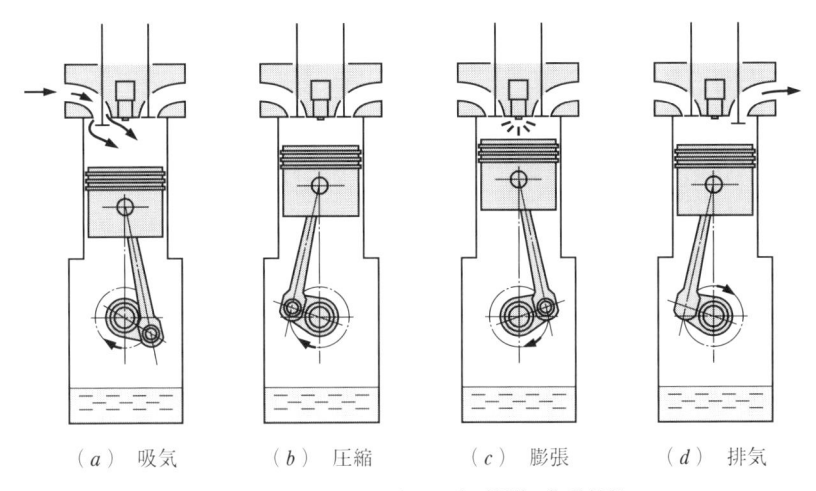

9.1 ディーゼル機関の作動原理と燃焼過程

(a) 吸気　　(b) 圧縮　　(c) 膨張　　(d) 排気

図 9.2　4サイクルディーゼル機関の作動行程

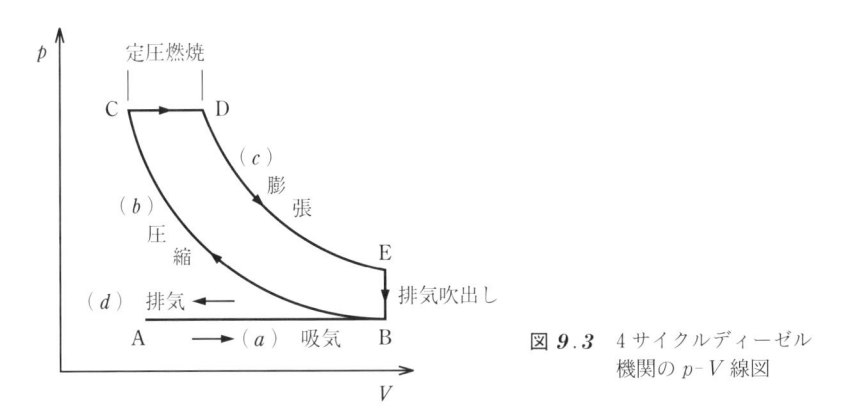

図 9.3　4サイクルディーゼル機関の p-V 線図

ンダ内の新しい空気と排気ガスとの交換は膨張と圧縮過程の中で行われる。

　上昇行程においてピストンが上死点に達する前に，燃料噴射弁よりシリンダ内の圧縮された高温空気に燃料を噴射する。自着火により燃焼が起こり，高温・高圧の燃焼ガスが膨張してピストンを押し下げる。膨張の終わり近くで排気弁あるいは排気口が開くと燃焼ガスの排出が始まる。ピストンがさらに下がると掃気口より新しい空気がシリンダ内に押しこまれる。ピストンが上昇して，シリンダ内の空気は圧縮されながら掃気口が閉じるまで掃気が続く。ピストンが上死点に達して上昇行程が完了する。

9.1.2 燃焼過程

圧縮行程の終わりの空気圧は 3 MPa 以上で，温度は燃焼室の壁や残留ガスからの熱も加わり，500 〜 700 ℃以上になる。この高温空気中に燃料が噴射され，細かい霧状になって蒸発し，空気と混合して自着火して，燃焼室全体に火炎が広がって燃焼する。燃焼過程は 4 段階に分かれる。**図 9.4** にディーゼル機関の燃焼過程をクランク回転角に対する圧力変化の線図によって示す。この線図を指圧線図という（**10.1** 節を参照）。

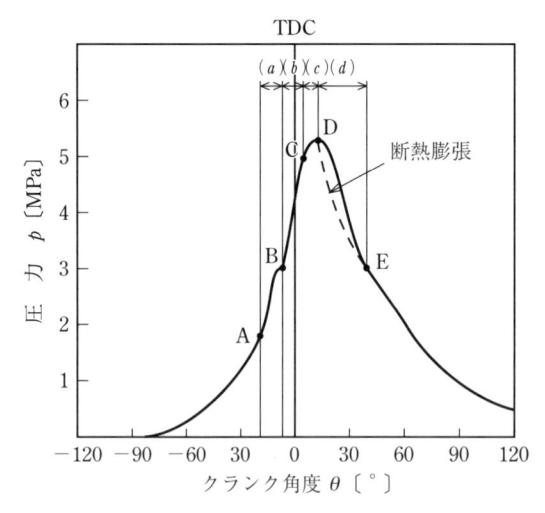

図 9.4 ディーゼル機関の指圧線図

1) **着火遅れの期間**（A → B）　ピストン上昇行程での圧縮行程が終わる上死点（TDC）前で燃料が噴射される。噴射された燃料が蒸発し発火温度に達して発火する。燃料噴射から発火までの期間を**着火遅れ**（ignition lag）という。

2) **無制御燃焼期間**（B → C）　着火遅れの期間中に噴射した燃料がいっきに着火して，シリンダ内の圧力が急激に上昇する期間をいう。

3) **制御燃焼期間**（C → D）　急激な圧力上昇後，燃料の噴射が終了するまでの期間で，圧力の上昇は緩やかである。この期間は燃料噴射率によって燃焼を制御することができる。

4) **後燃え期間**（D → E）　燃料噴射が終わっても，未燃のまま残った燃料が燃焼し続ける。シリンダ内のガスは膨張していき，圧力は低下していく。この後燃えの期間が長いと排ガス温度は上がり，熱効率は低下する。指圧線図からシリンダ内の燃焼過程を読み取ることができる。

9.1.3　ガソリン機関とディーゼル機関の比較

ディーゼル機関は，ガソリン機関に比べ燃料として引火性の低い軽油・重油を用い，着火方式や燃料供給装置が異なっている。シリンダ内で燃焼させて，膨張によってピストンを作動させ，クランク軸により回転運動として動力を取り出す基本構造は同じである。

ディーゼル機関はガソリン機関と比較すると以下のような長所と短所の特徴がある。

長所　1）　燃料の引火点が高く，火災を起こしにくい。
2）　圧縮比を高くとれ，熱効率が良い。また，燃料費も安価で，運転費用が少なくてすむ。
3）　最高回転速度が低いが，トルクの変化は少なく，特に低速回転のときに比較的大きなトルクが得られる。
4）　点火装置など必要なく故障は少ない。

短所　1）　回転時の騒音や振動がやや大きい。
2）　燃料を高圧で噴射する噴射弁や燃料噴射ポンプが必要である。
3）　噴射弁から直接燃焼室に噴射しながら燃焼を達成しようとするので，黒煙の排出が多い
4）　最大出力を得るとき以外は，薄い混合気で運転されているため，一酸化炭素（CO）・炭化水素（HC）の排出は少ないが，圧縮比が高くガソリン機関のような排気ガス浄化装置が未開発のために NOx の排出量が多い。
5）　燃料噴射量を調整して出力や回転速度を制御するのでガバナなどが必要になる。

6) 圧縮比が高く，燃焼最高圧力が高いので構造を堅固にしなければならないため，単位出力当りの価格が高い。

9.2 燃料噴射装置

燃料噴射装置は，燃料タンク・燃料供給ポンプ・燃料噴射ポンプ・燃料噴射弁からなっている。ディーゼル機関では，燃料の噴霧状態が性能に大きな影響を及ぼす。燃料の噴射方法には，燃料油に圧縮空気とともに噴射する方式と，燃料のみを高圧にして噴射する2種類があるが，前者は現在ほとんど使用されていない。

9.2.1 噴射ポンプ

噴射ポンプは，噴射順序に応じて各シリンダの燃料噴射弁に圧送して，きわめてわずかな一定量の燃料を燃焼室に噴射させる。噴射ポンプは非常に高い圧力（10〜100 MPa）で噴射するためプランジャポンプが用いられる。噴射ポンプには，つぎの形式がある。

1) **独立式** シリンダ数と同じ数の噴射ポンプが配置される。自動車用などの高速機関にこの形式が用いられる。
2) **分配式** 噴射ポンプが1個あって，分配弁を経て各シリンダの噴射弁へ送られる。小形軽量であるので小形機関に用いられる。
3) **共通式** 分配式と同様噴射ポンプは1個である。蓄圧室があって噴射ポンプから送られた高圧の燃料油をこの中で一定圧に保ち，電子制御により噴射量や噴射タイミングをコントロールして噴射する。高速・小形機関にも用いられていたが，最近では大形・低速機関に用いられている。また，機械的には噴射量を調節する調速機（ガバナ）などが用いられている。

プランジャはプランジャバレルに挿入されており，カムがプランジャ脚部と接触して上下に駆動される。噴射量の調節は制御ラックを動かして，ピニオン

を介してプランジャを回転させ、切欠の位置を変えることによって行われる。
図 **9.5** は燃料噴射ポンプの構造図を示す。また、燃料噴射ポンプのプランジャの動作を図 **9.6** に示す。

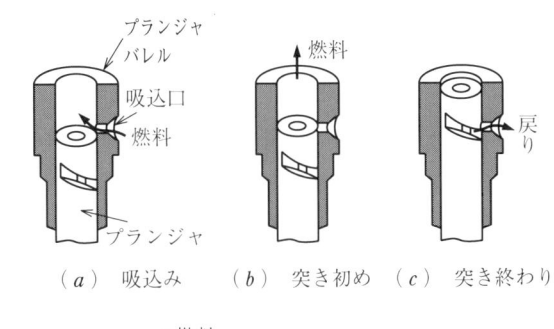

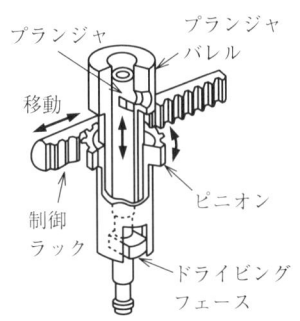

(a) 吸込み　(b) 突き初め　(c) 突き終わり

(d) 送出し量を減じた突き初め　(e) 送出し量を減じた突き終わり

図 **9.5** 燃料噴射ポンプ

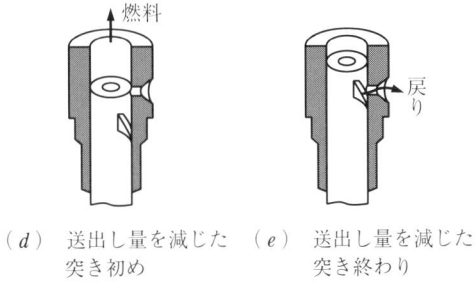

図 **9.6** 燃料噴射ポンプのプランジャの動作

9.2.2 燃料噴射弁

燃料噴射ポンプから送られた高圧の燃料を燃焼室に噴射させるために**燃料噴射弁**が用いられる。作動原理はプランジャからの圧送された燃料が噴射弁の先端にあるニードル弁に作用して、ばね（スプリング）の力以上になると弁が開き燃料が噴射される。圧力が下がると閉じる。

ディーゼル機関における噴射条件を挙げると

1) 噴霧の粒径が小さく、かつ一様になる。
2) 適度の貫通力を持ち、燃焼室に行きわたり、空気とよく混合する。
3) 回転速度や出力を変えるために、燃料の噴射量と噴射時期の調整ができる。

先端のノズルにはいろいろなものがあり，単孔や多孔のノズルがあり，穴の口径は0.2～0.5mm程度で，直接噴射式に用いられるピントルノズルやスロットルノズルは，中空の円錐状に広がるので噴霧圧は低くても分散がよく，主として予燃焼室・渦流燃焼室に用いる．**図9.7**に燃料噴射弁の構造およびノズル形状を示す．

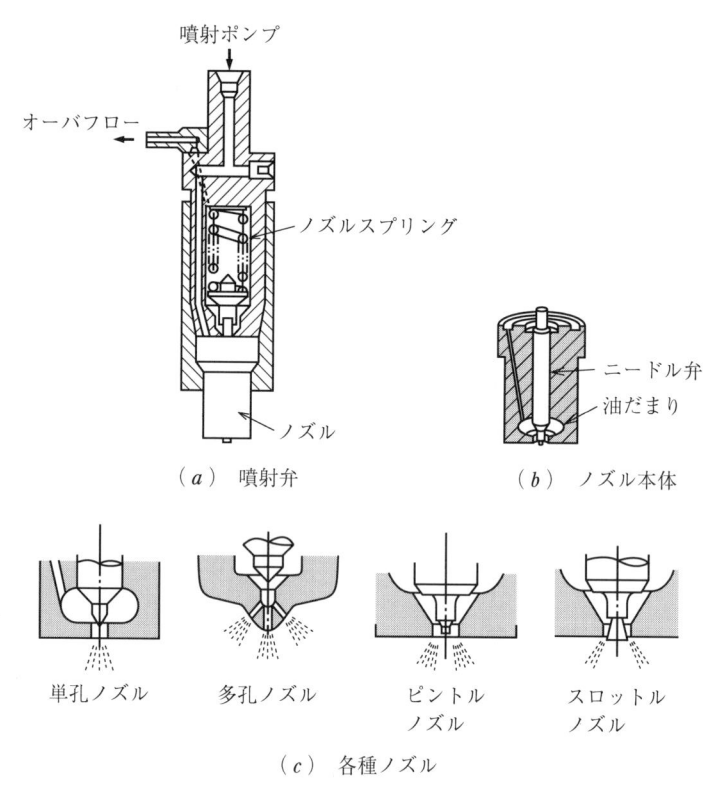

（a）噴射弁　　　（b）ノズル本体

（c）各種ノズル

図 **9.7** 燃料噴射弁の構造およびノズル形状

9.3 燃　焼　室

燃焼を良くするため，燃料を霧化して噴射する．燃料と空気をよく混合して，短時間で燃焼をさせるために燃焼室の工夫がなされている．その代表的な

燃焼室を図 **9.8** に示す。

シリンダヘッドとピストン頭部で形成される燃焼室に燃料を**直接噴射**（direct injection）する方式と，シリンダ内に主燃焼室と副燃焼室を持ち，燃料を副燃焼室に噴射させ，小さな連絡穴を通して主燃焼室で燃焼させる副室式燃焼室がある。副室式燃焼室には，**予燃焼室式**（pre-combustion chamber），**渦流室式**（swirl chamber），**空気室式**（air chamber）などがある。

1) **直接噴射式**　シリンダヘッドとピストン頭部で形成される燃焼室に燃料を直接噴射する。燃焼室の形状は簡単で表面積が比較的小さく，流れの抵抗となる絞りもなく，熱損失が少なく，始動も容易である。一方，燃料の性質（着火性）や噴霧状態に影響され，良い噴射を行うために噴射圧を高くする必要がある。そのため騒音・振動が大きい欠点がある。また，ディーゼルノックを起こしやすいので，着火性の良い燃料を用いる必要がある。この形式は自動車を始め船舶用に用いられている。

2) **予燃焼室式**　燃料が予燃焼室内に噴射され，その一部が予燃焼室で燃焼する。生成された高圧ガスが予燃焼室から主燃焼室に小さな穴を通って噴出し，新しい空気と混合して燃焼が行われる。この方式は，比較的低圧の噴射弁を用いることができ，小形高速機関でも燃焼性が良く，シリンダ内の燃焼

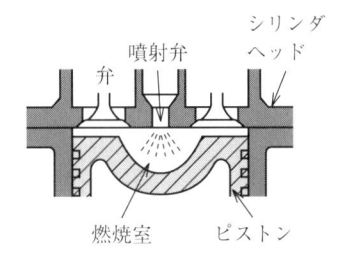

(*a*) 直接噴射式

(*b*) 予燃焼室式

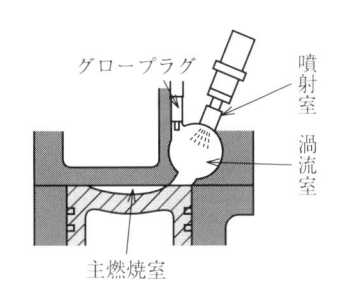

(*c*) 渦流室式

図 **9.8**　ディーゼル機関の燃焼室

時最高圧力も比較的低く，運転も静かである。一方，熱損失が大きく，直接噴射式と比較して始動が困難で予熱プラグを必要とする。

3) **渦流室式** シリンダヘッドやシリンダブロックに燃焼室の70～80％程度の球状または，扁平状の渦流室と呼ばれる副燃焼室が設けられている。予燃焼室の場合と同様に，主燃焼室とは小さな穴で連絡している。圧縮工程でこの中に流入した空気に渦流を起こさせ，そこに燃料を噴射して空気と燃料をよく混合させ，良好に燃焼させる。予燃焼室式と異なり大部分の燃料を渦流室で燃焼させるようになっている。

4) **空気室式** シリンダカバーに空気室を別に設け，圧縮行程でこの室に空気を送り込む。燃料は主燃焼室に噴射されるが，主燃焼室の空気は比較的少ないため初めは緩慢な燃焼が行われる。ピストンの膨張行程で空気室の圧縮空気は噴出してきて渦流になり新しい空気を供給して燃焼を完了する。燃焼がゆるやかで燃焼時の最高圧も低く，作動も静かである。しかし，熱損失および燃料消費率がやや高い欠点がある。高速機関に用いるが，この形式は現在ほとんど実用されていない。

9.4 ディーゼルノックとその対策

ディーゼル機関において，着火遅れが大きいとその期間に噴射された燃料が蓄積され，一気に燃焼するため急激な圧力上昇が起こり，シリンダをハンマーでたたいたような鋭い音を発する。この現象が**ディーゼルノック**（Diesel knock）で，無負荷（アイドリング）時や低速度時，軽負荷時に生じる。ディーゼルノックが起こるとシリンダや燃焼室は熱的にも力学的にも急激な負荷を受けることになる。ディーゼルノックを防ぐ方法として，つぎの項目が挙げられる。

1) 着火しやすい燃料を用いること 着火性を定量的に表すのに**セタン価**（cetane number）が用いられる。きわめて着火性のよいセタン（$C_{16}H_{34}$）と着火性の悪い α-メチルナフタレン（$C_{10}H_7$-α-CH_3）の混合

燃料と同じ着火性を示す燃料があるとき，混合燃料中のセタンの体積百分率をその燃料のセタン価という。したがって，着火しやすい燃料はセタン価が高い燃料である。
2） 空気の圧縮比を高め，噴射時期および霧化の状態を良くして着火遅れ期間を短くすること。
3） 冷却水の温度を高くして燃焼室壁の温度を高めること。
4） 燃焼室内の気流の乱れを増し，混合を良くすること。

9.5 環 境 対 策

　内燃機関の排ガスの環境汚染対策は重要になってきている。ディーゼル機関からの排ガスに対する規制も厳しくなっている。大気汚染物質として，一酸化炭素（CO），炭化水素（HC），窒素酸化物（NOx）さらに**黒煙**（smoke）を含む**すすの微粒子**（particulate）が挙げられる。ディーゼル機関は，もともと薄い混合気（空気量が多い）のためCOやHCの排出量は比較的少ない。しかし，ディーゼル機関の場合圧縮比が高く，空気過剰で急速に圧縮されると燃焼温度が高くNOx濃度が高くなる。燃焼温度を低くしてNOxを低減する手段として燃料噴射時期を遅らせるのが有効とされているが，それに伴って出力・熱効率が低下するだけでなく，すすやHCが増加する。排ガス中のすすの微粒子は有機溶剤に溶けない物質（乾燥すす，dry soot）と可溶な物質（SOF, soluble organic fraction）とに分かれる。一般に乾燥すすのことを黒煙という。吸込み空気量の増加と燃料の噴射圧力の増大によって噴霧の微粒化とともに，噴射期間の短縮を図り，燃焼性を良くしている。また，排ガス対策としても，着火遅れと燃焼時間を短縮することにより急激な温度上昇を抑えNOxの低減効果を図るとともに，後燃え時間の減少により，すすの排出量を低減する基本的手段となっている。

演 習 問 題

【1】 ディーゼル機関において吸気の圧力が $100\,\text{kPa}$, 温度が $20\,°\text{C}$ の時,圧縮比 $\varepsilon=18$ として断熱圧縮後の圧力および空気温度を求めよ。ただし,作動流体の比熱比 κ を 1.4 とする。

【2】 ディーゼル機関とガソリン機関の作動原理の違いを説明せよ。

【3】 大気汚染対策として,排ガス中の未燃炭化水素 (HC) を減らすには燃焼室表面積と容積との比 (S/V) を小さくすればよいといわれている。圧縮比とシリンダ内径を変えずに S/V を小さくするには行程長さを長くすればよいか短くすればよいか。

【4】 ディーゼル機関の出力増大方法について述べよ。

【5】 ディーゼル機関の燃焼室の種類を挙げ,説明せよ。

【6】 2 サイクルディーゼル機関における掃気の方法を調べよ。

【7】 ディーゼル機関における噴射条件を挙げよ。

【8】 セタン価 40 の燃料とはどのような燃料か。

【9】 NOx 低減対策について具体的方策を挙げよ。

【10】 ガソリン機関においては三元触媒による CO,HC,NOx の浄化率はきわめて高いが,ディーゼル機関においては効果が期待できない理由を述べよ。

10

内燃機関の性能と計測

　内燃機関の性能を調べるには性能試験とともに指圧線図の採取が必要であるが，本章ではそれらの試験を行う際必要な述語について説明し，出力測定の方法，指圧線図を得るための指圧計の原理について述べる。また，燃料が持つエネルギーが出力として得られるまでにどのような損失が発生するかという熱勘定についても説明する。

10.1 図示出力と図示平均有効圧力

　内燃機関ではシリンダ内で燃料が燃焼することによって上昇した圧力でピストンを押して仕事がなされる。したがってシリンダ内の圧力変化は内燃機関の性能を調べる上で重要な因子である。シリンダ内の圧力変化を記録した**図10.1**を**指圧線図**（indicator diagram）という。これはシリンダ内容積を横軸に，圧力を縦軸にとって表したものである。

　2サイクル機関ではピストンの1往復で1サイクルが完成するので $p\text{-}V$ 線

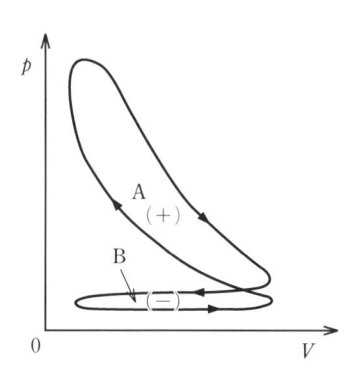

図 *10.1* 4サイクル機関の指圧線図

図は一つの閉曲線になるが，4サイクル機関では圧縮・膨張と排気・吸入の二つの閉曲線で1サイクルとなる。圧縮行程から膨張行程は時計回りに変化し，図のAの部分で表される。この間は外力でピストンを押してガスを圧縮する仕事よりシリンダ内のガスがピストンを押して行う膨張仕事の方が大きくクランク軸から得られる仕事は「正」の仕事になる。これとは反対に排気から吸入の行程では外力の方が大きく，図のBの部分で表され，取り出す仕事は「負」になる。これは圧力の高い燃焼ガスを押し出して新気を吸入する仕事で，ポンプ損失という。ディーゼル機関では出力調整を燃料の噴射量で行うため，吸気の抵抗は少ないが，ガソリン機関では吸入する混合気の量で出力調整を行うため，出力を押さえたときには絞り弁を絞っているので吸気の抵抗が大きくポンプ損失が大きくなる。

1サイクル当り，指圧線図で得られる仕事はピストンに働く仕事であるが，**図示仕事**（L_i）と呼ばれ，面積（A－B）で表される。これを出力（kW）にした値を**図示出力**（indicated power）と呼ぶ。図示出力 N_i は次式で表される。

$$N_i = \frac{L_i n_e}{60} \qquad (10.1)$$

ここで n_e は毎分の爆発回数で，2サイクル機関では毎分回転数，4サイクル機関では毎分回転数の1/2である。多シリンダ機関の場合はシリンダ数を掛けた値がその機関の図示出力となる。面積（A－B）で表される図示仕事 L_i を行程容積 V_s で割った値を図示平均有効圧力 p_i という。

$$p_i = \frac{L_i}{V_s} = \frac{N_i}{V_s(n_e/60)} \qquad (10.2)$$

ここで，V_s は行程容積である。理論サイクルで得られる1サイクル当りの理論仕事 L_{th} から次式で求まる**理論平均有効圧力** p_{th}

$$p_{th} = \frac{L_{th}}{V_s} \qquad (10.3)$$

との比を**線図効率** η_d という。すなわち

$$\eta_d = \frac{p_i}{p_{th}}\left(=\frac{L_i}{L_{th}}\right) \qquad (10.4)$$

10.2 正味出力と正味平均有効圧力

　出力軸から取り出される仕事はピストンに働く仕事そのままの値ではなく，シリンダとピストンの間の摩擦などによる損失仕事が除かれたものとなる．すなわち，**正味出力**（break power）N_e は

$$N_e = N_i - N_l \qquad (10.5)$$

ここで，N_l はおもに，つぎの要因による**損失動力**である．
1）　ピストンとシリンダの間の摩擦およびクランク軸と軸受の間の摩擦
2）　発電機，冷却ファン，潤滑油循環ポンプなど補助機械の駆動に要する動力

　損失動力を求める方法の一つにモータリングと呼ばれる方法がある．これは燃料の供給を遮断して電動機でエンジンを駆動しその駆動動力を損失動力とする方法である．その場合，エンジンの温度は正常運転時の温度であることが望ましい．発火運転を十分行った後ただちにモータリングを行うが，それでもモータリング時の吸気温度，排気温度，ピストン温度などは発火運転時とは異なる．したがって，精度の点では問題があるが，モータリングは損失動力を求める簡便な試験方法としてよく用いられる．なお，モータリングでは吸排気に要するポンプ損失も損失動力に含むことになる．

　正味仕事から求めた1サイクル当りの仕事を行程体積で割った値を**正味平均有効圧力** p_e という．すなわち

$$p_e = \frac{N_e}{V_s(n_e/60)} \qquad (10.6)$$

であるが，図示平均有効圧力が指圧線図から求めたピストンに働く平均の圧力であるのに対し，正味平均有効圧力は正味出力から逆算したもので実在する圧力ではない．

また，式 (10.6) で表される正味出力と図示出力の比を**機械効率** η_m という。

$$\eta_m = \frac{N_e}{N_i} = \frac{p_e}{p_i} \tag{10.7}$$

内燃機関では機械効率は 0.7 ～ 0.95 程度であるとされているが，これは全負荷運転したときの値である。例えばアイドリングでは正味出力がないので，機械効率が 0 であるように，機械効率は負荷の状態によって大きく変化する。

10.3 熱効率と燃料消費率

エンジンに供給された燃料が完全燃焼したときの発熱量に対する出力の割合が熱効率である。出力として理論出力 N_{th}，図示出力 N_i，正味出力 N_e をとれば，次式のようにそれぞれ，**理論熱効率** η_{th}，**図示熱効率** η_i，**正味熱効率** η_e となる。

$$\eta_{th} = \frac{N_{th}}{H_l G_f / 3\,600} \tag{10.8}$$

$$\eta_i = \frac{N_i}{H_l G_f / 3\,600} \tag{10.9}$$

$$\eta_e = \frac{N_e}{H_l G_f / 3\,600} \tag{10.10}$$

ここで，H_l は燃料の低位発熱量〔kJ/kg〕，G_f は 1 時間当りの燃料消費量〔kg/h〕である。

熱効率の代わりに**燃料消費率**（specific fuel consumption）が用いられることがあるが，これは単位出力，単位時間当りの燃料消費量をいう。出力として正味出力をとれば，正味燃料消費率となる。単位は〔g/(kW・h)〕がよく用いられ，この場合，正味燃料消費率 b_e は次式で表される。

$$b_e = \frac{G_f \times 1\,000}{N_e} \tag{10.11}$$

正味燃料消費率は運転状態によって異なるが，小さいほどよく，最小になるように運転したとき，自動車用のガソリン機関では 300 ～ 380，船用の中・大形ディーゼル機関では 160 ～ 200 g/(kW・h) 程度である。正味熱効率との関

係は，つぎのようになる．

$$\eta_e = \frac{3\,600 \times 1\,000}{H_l b_e} \tag{10.12}$$

10.4 熱　勘　定

エンジンに供給された燃料の持つエネルギーが軸出力となって取り出される過程で生じる損失などエネルギーの流れを示すことを**熱勘定**（heat balance）という．最終的に出て行くエネルギーは軸出力のほか排気損失，放熱（ふく射など）損失，冷却損失，機械損失に分けられる．ガソリン機関の熱勘定の例を**図 10.2**に示す．

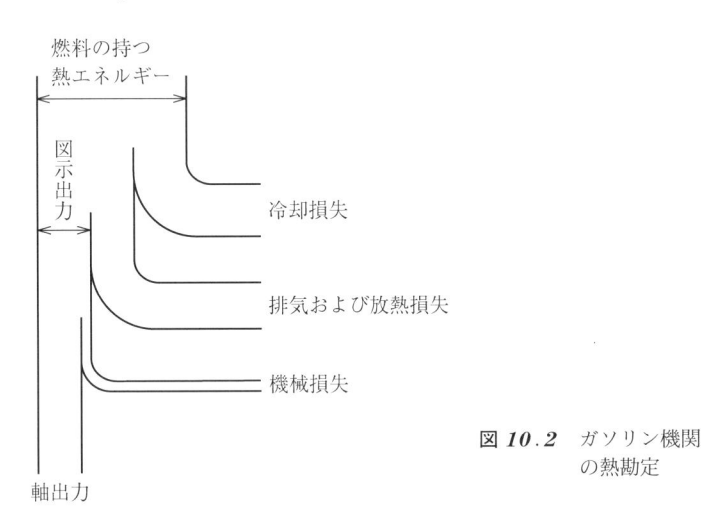

図 10.2 ガソリン機関の熱勘定

排気損失は排気ガスが持って出ていく熱で，熱機関サイクルにおいて低温源に捨てる熱に相当し，熱力学上避けられないものである．冷却損失はエンジンを構成する材料の高温に対する制約から生じるもので，シリンダ壁を空冷または水冷する冷却する熱量が大きい．図示出力と軸出力の差になる機械損失はピストンとシリンダの間の摩擦や，クランク軸の摩擦による損失動力である．熱勘定はエンジンの形式や大きさによって異なるが高速機関の概略値は**表 10.1**

表 10.1 高速機関の熱勘定の概略値

	火花点火機関	圧縮点火機関
軸出力	25 ～ 30 %	35 ～ 40 %
冷却損失	35 ～ 45 %	25 ～ 30 %
排気および放熱損失	20 ～ 35 %	25 ～ 35 %
機械損失	5 ～ 6 %	5 ～ 7 %

のとおりである。

10.5 出力の測定

エンジンが発生する出力（動力）を測定するには**動力計**（dynamometer）を用いる。動力計にはいろいろな形式のものがあるが，**プロニブレーキ**（Prony break）と呼ばれる摩擦動力計は測定原理が理解しやすい。これは**図 10.3**に示すように，エンジンの出力軸にブレーキ輪を取り付け，これをブレーキ片で挟んでブレーキをかけるものである。ブレーキ片に取り付けられた長さ l の腕が秤(はかり)を押す力 F を測定すると出力軸のトルク T は次式で表される。

$$T = Fl \tag{10.13}$$

エンジンの出力 N_e 〔W〕は回転角速度を ω 〔rad/s〕，毎分回転数を n 〔rpm〕とすると

$$N_e = T\omega = T\frac{2\pi n}{60} = Fl\frac{2\pi n}{60} \tag{10.14}$$

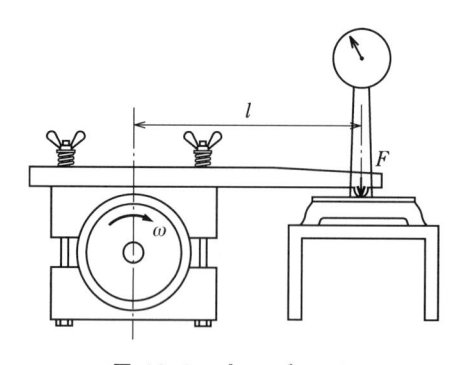

図 10.3 プロニブレーキ

となる．締付け力を調整することによって，動力計荷重，したがってトルクを変化させることができる．発生した動力は摩擦熱になるので，ブレーキ輪は水で冷却する．プロニブレーキは構造が簡単であるが，摩擦熱の吸収の面で大きい出力の測定には適さない．

このほかに，よく使用される動力計としては**電気動力計**と**水動力計**がある．電気動力計の例として直流発電機式の動力計の原理を**図 10.4** に示す．磁極N，Sの間で導線を巻いた電機子を回転させると巻線に起電力を生じる．電機子とともに回転する整流子のブラシを接触させ，両ブラシ間に負荷を接続すると電流が流れる．このとき磁石を取り付けた固定子は電機子の回転方向に回転しようとする．固定子は軸のまわりに揺動するようになっており腕を付けて荷重を測定するとプロニブレーキと同じ原理で，動力を測定することができる．動力計荷重の調整は負荷抵抗と界磁電圧で行う．

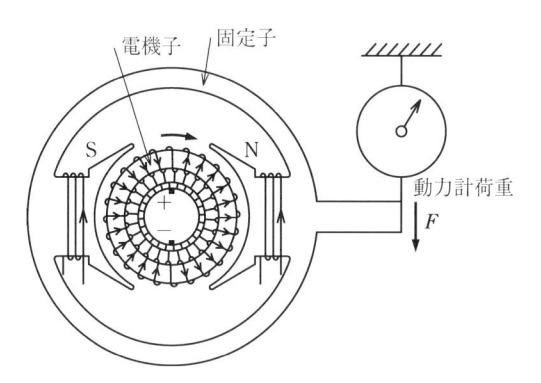

図 10.4 直流発電機式の動力計の原理

また，水動力計は回転子と固定子に羽根を設け，この間に水を入れて流体摩擦によってトルクを伝えるものである．滞留する水の量によって動力計荷重を調整することができる．水動力計も回転子から固定子へトルクを伝える方法が異なるが原理はプロニブレーキと同じで，固定子によってブレーキをかけることでエンジンの発生動力が吸収される．したがって，このような動力計で測定した正味出力のことを**制動出力**ともいう．

10.6 軸出力の修正

同一エンジンを大気条件の異なる場所で運転すると出力に差が生じる。エンジンの性能を比較する場合，同一大気条件で運転する代わりに，標準の大気条件を定め，大気条件がこれと異なる場合には出力に**修正係数** k を乗じて標準大気での出力として比較する方法がとられる。標準状態としては気圧 $p_0=101.3\,\text{kPa}$, 気温 $t_0=20\,°\text{C}$, 相対湿度 $\phi=60\,\%$ とする。空気の密度は大気圧が高いほど大きく，気温が高いほど小さくなる。また，湿度が高いと水蒸気が多いが，内燃機関の出力は吸入する乾燥空気の質量に比例すると考えられ，次式を修正係数とする。

$$k = \frac{p_0 - p_{0w}}{p_a - p_w}\sqrt{\frac{273 + t_a}{293}} \qquad (10.15)$$

ここで，p_a と p_w はそれぞれ測定時の大気圧と大気中の水蒸気分圧〔kPa〕，t_a は気温〔°C〕，p_{0w} は標準大気での水蒸気分圧で $p_{0w}=1.4\,\text{kPa}$ である。

10.7 指 圧 計

指圧線図は**インジケータ線図**（indicator diagram）ともいわれ，図示平均有効圧力や図示出力を求めるために使用されるが，そればかりではなく，指圧線図を解析することにより，吸気，排気，点火，燃焼などシリンダ内で生じている現象の手がかりを知ることができる。指圧線図を記録する装置を指圧計あるいはインジケータという。指圧計には機械式，電気式，光学式があるが，電気式指圧計が多く用いられる。電気式指圧計の一つであるひずみゲージ式指圧計を**図 10.5** に示す。エンジンのシリンダヘッドに設けたねじ穴に指圧計をねじ込み，シリンダ内の圧力を取り出す。**起歪筒**（きわいとう）はダイアフラムを介してシリンダ内の圧力を受けると，円周方向には拡がるのでこのひずみをひずみゲージで検出して圧力を求める。シリンダヘッドは高温になるので，起歪筒は水で冷

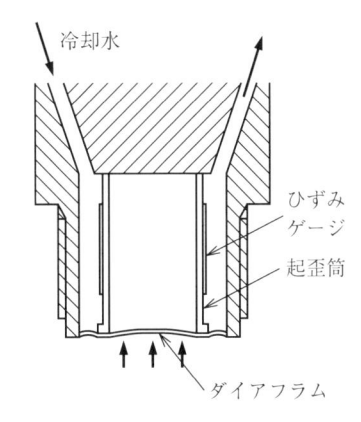

図 **10.5** ひずみゲージ式指圧計

却されている。

演 習 問 題

【1】 あるガソリン機関を正味出力 6.5 kW で運転すると正味熱効率は 28 % になるという。このとき低位発熱量 43 000 kJ/kg のガソリンを 1 時間当りいくら消費するか。

【2】 圧縮比 18, 締切比 2 のディーゼル機関を運転したとき低位発熱量 44 000 kJ/kg の燃料を毎時 76 kg 消費し, 図示出力が 390 kW, 正味出力が 272 kW であった。このとき, 理論熱効率, 図示熱効率, 機械効率, 線図効率, 正味熱効率を求めよ。ただし, 理論熱効率の算出においては作動流体の比熱比を 1.40 とせよ。

【3】 総行程容積が 4 000 cc の 4 サイクル, 4 シリンダのディーゼル機関を 2 000 rpm で運転したときの図示平均有効圧が 611 kPa であるという。同時に測定した正味出力は 124 kW であった。このときの (1) 図示出力, (2) 機械効率, (3) 正味平均有効圧力を求めよ。

【4】 シリンダ径 320 mm, 行程長さ 380 mm の 6 シリンダ 2 サイクルディーゼル機関を 600 rpm で運転したときの正味出力が 1 150 kW, 図示平均有効圧力が 730 kPa であった。このときの (1) 出力軸のトルク, (2) 正味平均有効圧力, (3) 機械効率を求めよ。

【5】 定負荷で運転されるディーゼルエンジンが 24 時間当り 680 kg の重油を消費

する。このエンジンの圧縮比は 17.0,締切比は 2.0 で機械効率は 78 %,正味熱効率は 34 % である。このときの (1) 正味出力,(2) 図示出力,(3) 線図効率,(4) 燃料消費率を求めよ。ただし,重油の低位発熱量を 43 000 kJ/kg,作動流体の比熱比を $\kappa=1.4$ とする。

【6】 ガソリン機関を気温 30 °C,気圧 100.5 kPa,相対湿度 80 % で運転すると,正味出力は 68.5 kW であった。修正軸出力はいくらか。

【7】 腕の長さが 500 mm の動力計を用いてディーゼル機関の性能試験を行った。機関回転数が 2 500 rpm で動力計荷重が 5.2 kgf のとき,低位発熱量が 43 000 kJ/kg の燃料を 58 秒で 36 g 消費した。このときの (1) 正味出力,(2) 正味熱効率,(3) 燃料消費率を求めよ。

【8】 問図 **10.1** は 800 rpm で運転されている 2 サイクルディーゼル機関の指圧線図である。この線図より 1 サイクル当りの図示仕事,図示平均有効圧力および図示出力を求めよ。

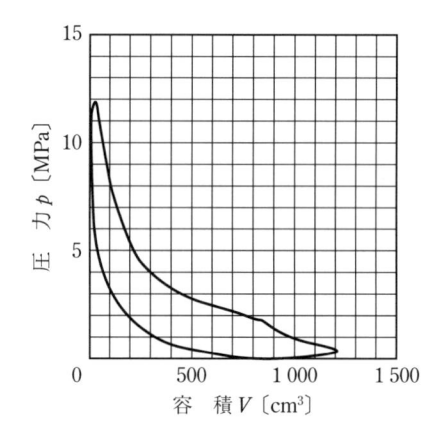

問図 **10.1** 指圧線図

11

ガスタービン

　ガスタービンは高温のガスでタービンを回すことにより動力を発生させる原動機で，速度形（回転式）内燃機関[†]である。これは構造がシンプルで高速回転ができるため，重量当りの出力（比出力）が大きく，起動時間も短く，さらに回転機械であるため振動が少ないという特徴があり，従来から航空機やホーバークラフト（高速艇）のエンジンを始め非常用発電等に用いられてきた。

　蒸気動力は作動流体に水を用いるため最高温度は 600 °C 程度であるが，最低温度も 30 °C と環境温度近くまで取れるのに対し，作動流体にガスを用いるガスタービンは最高温度が 1 000 °C 以上と高くできるが，排ガス温度も 300 °C 以上と高くなるため，従来は 20 〜 30 ％程度の効率に止まっていた。

　しかし，最近のガスタービンの技術開発は著しく，ガスタービン翼の冷却技術の発達とセラミックのガスタービンへの応用などにより現在の最高温度は 1 400 °C 以上に達している。またガスタービンの排ガスで蒸気を発生させ，それを冷暖房用の熱源に用いる熱併給発電や，ガスタービンと蒸気タービンを結合した複合発電の出現により，排ガス温度が高くなるというガスタービンの欠点が克服され，複合発電の総合効率は 58 ％に達するようになった。そのため従来は蒸気プラントの独断場であった大形火力発電の分野にもガスタービンが大きく進出するようになってきている。

　本章では，ガスタービンの機能と構造，ガスタービンのサイクル，さらに熱併給発電と複合発電などのガスタービンと蒸気プラントとの複合化について述べた後，ジェットエンジンについても言及する。

[†] 空気やヘリウムなどの作動流体を，熱交換器によって加熱，放熱を行うクローズドサイクルガスタービンの構想もある。加熱器としては核燃料を用いた高温ガス炉が検討されている。クローズドサイクルガスタービンは外燃機関であるが，まだほとんど使われていないので，現状ではガスタービンは内燃機関としてもよい。

11.1 ガスタービンの構成と構造

最も単純かつ基本的なガスタービンは図 **11.1** に示すように，**圧縮機** (compressor)，**燃焼器** (combustor) および**タービン** (turbine) で構成される。空気はまず圧縮機で高圧に圧縮されて燃焼器に入り，燃焼器で燃料を燃焼させることにより高温高圧のガスになり，それをタービンで膨張して動力を発生させる。圧縮機を駆動する動力はタービンで発生する動力の一部を使用する。図 **11.2** にガスタービンの構造の一例を，図 **11.3** にガスタービンの回転部（ロータ）だけを取り出した写真を示す。

図 **11.1** 単純サイクルガスタービンの構成

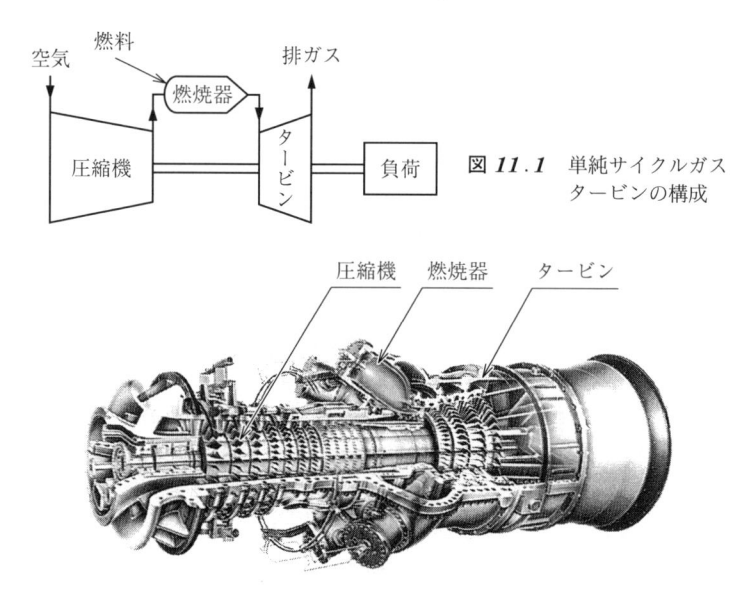

図 **11.2** ガスタービンの構造（川崎 M7A-01 型ガスタービン）（川崎重工業（株）提供）

つぎにガスタービンの基本的な要素である圧縮機，燃焼器およびタービンについて述べる。

〔1〕**圧 縮 機**　圧縮機としては**遠心圧縮機**，**軸流圧縮機**および両者を組み合わせたものが用いられている。

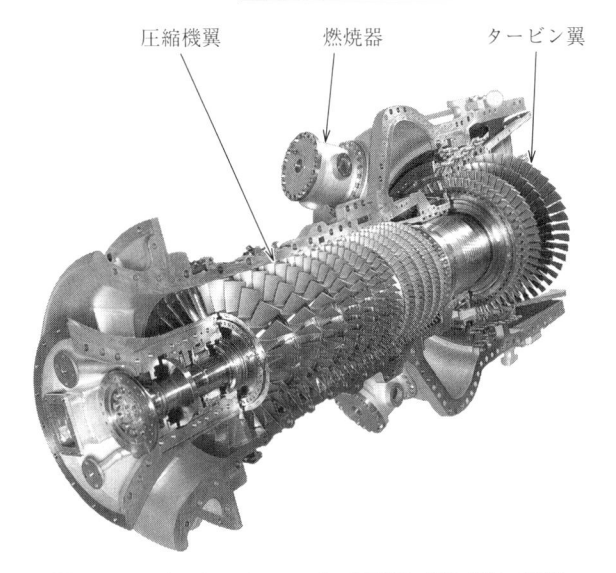

図 **11**.3　ガスタービンロータ（川崎重工業（株）提供）

　遠心圧縮機は構造が簡単で小流量に適するので，主として 1 000 kW 以下の小形ガスタービンに用いられている。軸流圧縮機は大流量に適し効率も高いため，大形のガスタービンにはもっぱらこの形式が使われる。図 **11**.2 の例では圧縮機に軸流圧縮機が用いられている。段数は通常 10 ～ 20 段，圧縮機出口圧力は数気圧から 20 ～ 30 気圧に達する。

　次節に述べるように，ガスタービンの熱効率は基本的には圧力比（圧縮機入口と出口の圧力の比）で決まる。そのためガスタービンの熱効率を向上させるためには，圧力比の高い圧縮機の開発が不可欠である。

　〔2〕**燃　焼　器**　燃焼器の役割は作動流体である空気中に燃料を吹き込み，その燃焼により高温のガスを作ることにある。ガスタービンは燃焼が連続的に行われる点でボイラや加熱炉の燃焼に類似しているが，高圧で燃焼させることや空気過剰率が大きいことなどはボイラの燃焼とは異なる。

　燃焼器には燃焼が安定しており，効率が高く，圧力損失が少なく，出口ガス温度が一様であり，窒素酸化物などの有害廃棄物が少なく，容積が小さく重量が軽く，十分な耐久性を有することが要求される。

図 **11.4** に直流かん形燃焼器の一例を示す．燃焼器は**燃料ノズル**（fuel nozzle），**内筒**（liner），**外筒**（air casing）および着火用の**点火栓**からなっている．燃料ノズルは使用燃料などにより各種のものが用いられている．内筒はその中で燃料と空気の混合比を所定の値に保ち，安定で完全な燃焼をうるもので，逆流域を作るなどにより火炎の安定を図っている．燃焼用空気はいくつかの段階に分けて内筒の燃焼域に導入されるが，このことにより同時に内筒が冷却される．燃焼器出口付近に希釈空気を入れることにより混合後の燃焼ガスの温度を所定の値に下げる．外筒は耐圧，耐熱容器になっている．

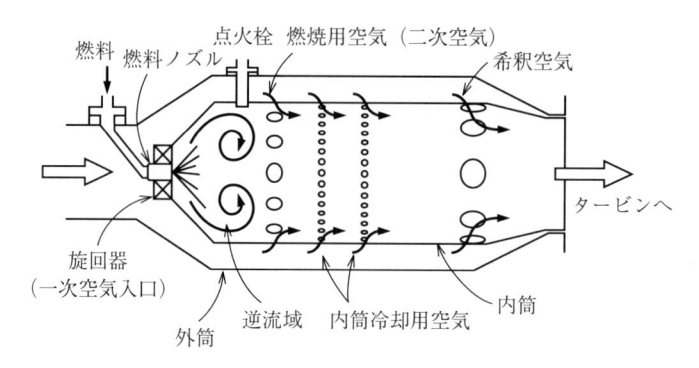

図 **11.4**　直流かん形燃焼器

内筒と外筒の形状，配置により図 **11.5** に示すように，かん形，キャニュラ形およびアニュラ形の3形式に分けられる．かん形は内，外筒がいずれも円筒状で同心軸上にあるもの（図（a）），キャニュラ形は環状流路を持つ外筒内に数個から十数個の円筒状の内筒を有するもの（図（b）），およびアニュラ形は内，外筒ともに環状にしたもの（図（c））である．かん形は数十 kW の小形ガスタービン用から 150 MW の出力を一つの燃焼器でまかなうものである．キャニュラ形は航空機用のほか，産業用ガスタービンにも広く用いられている．アニュラ形は最新の形式で，スペースの利用効率が最も高いため航空機用ガスタービンに広く用いられており，最近は産業用ガスタービンにも用いられるようになっている．

〔3〕 **タービン**　ガスタービンには一般に軸流タービンが用いられる

(a) かん形　　　(b) キャニュラ形

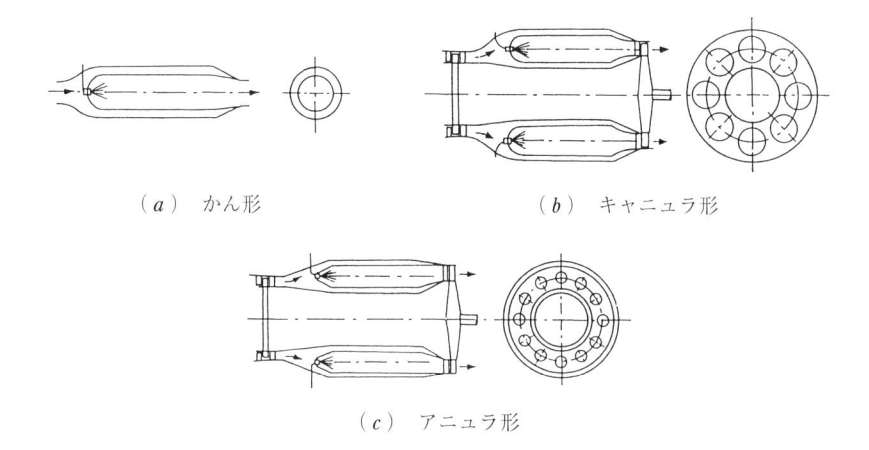

(c) アニュラ形

図 11.5　燃焼器の形式

が，小容量のものには輻流タービンも用いられる。

　タービンにはタービン効率が高く，耐熱性・耐久性の他，航空機用には軽量化が，産業用には低コスト化も要求される。ガスの温度を高くすることは熱効率を向上させるとともに比出力も上昇させるため，近年特に材料および冷却法の開発によりガスタービンの高温化が進んでいる。

　図 **11.6** にタービン動翼の例を示す。タービンの動翼は高温の下で高い応力を受けるため設計，製造には特別な技術が必要であり，高温部に使用する動翼は空気等で冷却した**冷却翼**を用い，図のクリスマスツリー形の植込部で円盤に取り付ける。また高温段には図のように翼部と翼取り付け部の間に**シャンク**

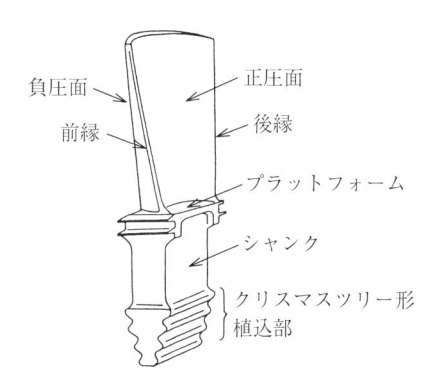

図 **11.6**　タービン動翼

と呼ぶ部分を設け,空気で冷却する翼ではこの部分から冷却空気を翼内に導入し,翼と翼植付け部の温度を下げている。このようなタービンの冷却法の進展により,ガスタービンの高温化が可能になっている。

またタービンの材料にセラミックスを用いた**セラミックガスタービン**も開発され,300 kW でタービン入口温度 1 350 °C,効率 42 ％ を達成した[†1]。これは高効率**マイクロガスタービン**としての利用も期待されている。

11.2 ガスタービンのサイクル（ブレイトンサイクル）

図 11.7 に最も単純で基本的な可逆ガスタービンサイクル（これを**ブレイトンサイクル**（Brayton cycle）[†2] という）を,T-s 線図と p-v 線図で示す。ガスタービンサイクルはガスを作動流体とする開放サイクルであるが,サイクルの基本的な性質を検討するため,容積形内燃機関のサイクルを検討する場合と同様に,条件を極力単純化する。すなわち

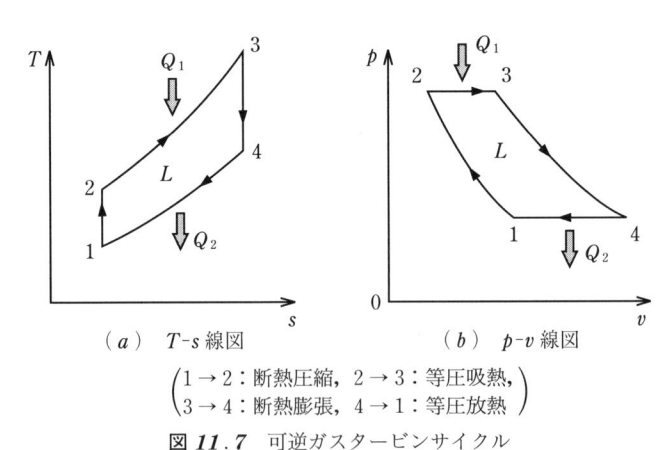

(a) T-s 線図 (b) p-v 線図

$$\begin{pmatrix} 1 \to 2 : 断熱圧縮, & 2 \to 3 : 等圧吸熱, \\ 3 \to 4 : 断熱膨張, & 4 \to 1 : 等圧放熱 \end{pmatrix}$$

図 11.7 可逆ガスタービンサイクル

[†1] 巽 哲男：コージェネレーション用再生式 2 軸セラミックガスタービン CGT 302,日本機械学会講演論文集,NO.99-1,pp.438 〜 439（日本機械学会 1999 年度年次大会）
[†2] 1873 年にブレイトンが圧縮機,膨張機の両方に往復ピストン形（容積形）のエンジンを使ってこのサイクルを実現した。その後実用化されたのは圧縮機,膨張機ともに回転形（速度形）のものであるが,彼を記念してこのサイクルをブレイトンサイクルと呼んでいる。

11.2 ガスタービンのサイクル（ブレイトンサイクル）

1) 作動流体は，圧縮機入口からタービン出口までの全過程で空気とする。実際には空気のほかに燃焼器内で燃料が吹き込まれるが，燃料の質量は空気の十数分の1以下で，燃焼ガスの性質も空気と大きくは変わらないので，基本的な特性を検討する上では，このような仮定をしても差し支えない。空気を理想気体とし，比熱は温度に関係なく一定とする。
2) 燃焼現象は単純な等圧加熱と，またガスタービンからの排気過程は等圧放熱とする。
3) サイクルは内部可逆サイクルとする。すなわちすべての過程で摩擦や渦の発生を伴わず，力学的にも熱的にも準静的に平衡状態を保ちながら行われるものとする。

図 **11.7** にしたがってブレイトンサイクルを説明する。まず点1で大気圧，大気温度の空気が圧縮機で点2まで断熱等エントロピー圧縮され，つぎに燃焼器に入り圧力一定の下で点3まで加熱された後タービンに入り，点4まで断熱等エントロピー膨張を行うことにより外部に仕事をする。点4でガスタービンを出た空気は等圧で大気に放熱して大気圧，大気温度の状態（点1の圧縮機入口の状態）に戻りサイクルが完了する。

いま，作動流体の流量を W 〔kg/s〕とすると各過程での仕事量や加熱量は以下の式で表される。

圧縮機の仕事（1→2） $\quad L_c = W(h_2 - h_1) = Wc_p(T_2 - T_1) \quad (11.1)$

加熱熱量（2→3） $\quad Q_1 = W(h_3 - h_2) = Wc_p(T_3 - T_2) \quad (11.2)$

タービンの仕事（3→4） $\quad L_T = W(h_3 - h_4) = Wc_p(T_3 - T_4) \quad (11.3)$

放出熱量（4→1） $\quad Q_2 = W(h_4 - h_1) = Wc_p(T_4 - T_1) \quad (11.4)$

ここで c_p は空気の定圧比熱（kJ/(kg·K)），h と T は空気の比エンタルピー（kJ/kg）と温度（K），h と T の添字は図 **11.7** の各点を表す。また仕事量や加熱量の単位は kW である。

有効仕事量 L 〔kW〕はタービン仕事から圧縮機の仕事を引いたものだから

$$L = L_T - L_c = Wc_p((T_3 - T_4) - (T_2 - T_1)) \quad (11.5)$$

以上よりブレイトンサイクルの熱効率 η は

$$\eta = \frac{L}{Q_1} = \frac{Wc_p((T_3-T_4)-(T_2-T_1))}{Wc_p(T_3-T_2)} = 1 - \frac{T_4-T_1}{T_3-T_2} \quad (11.6)$$

ここで $p_2/p_1 = p_3/p_4 = r$ とすると過程 $1 \to 2$ と $3 \to 4$ は断熱等エントロピー変化だから

$$\frac{T_2}{T_1} = \left(\frac{p_2}{p_1}\right)^{\frac{\kappa-1}{\kappa}} = r^{\frac{\kappa-1}{\kappa}} \quad (11.7)$$

$$\frac{T_3}{T_4} = \left(\frac{p_3}{p_4}\right)^{\frac{\kappa-1}{\kappa}} = \left(\frac{p_2}{p_1}\right)^{\frac{\kappa-1}{\kappa}} = r^{\frac{\kappa-1}{\kappa}} \quad (11.8)$$

式 (11.7), (11.8) と式 (11.6) より熱効率 η は次式で表される。

$$\eta = 1 - \frac{1}{r^{\frac{\kappa-1}{\kappa}}} = 1 - \frac{T_1}{T_2} = 1 - \frac{T_4}{T_3} \quad (11.9)$$

ここで r は圧縮機の圧力比といい，κ は比熱比である。

　式 (11.9) より理想的なガスタービンサイクルであるブレイトンサイクルの熱効率 η は圧力比 r のみに関係し，最高温度 T_3 にも周囲温度 T_1 にも関係しない。実際のガスタービンサイクルにおいては，圧縮機やタービンに損失があるため温度の影響も無視できない。

　ブレイトンサイクルで熱効率を上げるためには，式 (11.9) からもわかるように圧力比を高くすればよいが，圧力比の上限は圧縮機により制約される。また式 (11.8) から単純なブレイトンサイクルでは圧力比が一定であれば，ガスタービンの最高温度 T_3 を上げても排ガス温度 T_4 も上がるので熱効率は変わらず，これがガスタービンの熱効率の限界になっている。

　一方，ガスタービンの排気熱を利用できれば熱効率が上昇することは容易に推定できる。

　排気熱を利用する方法の一つに**再生サイクル**がある。一般に排気ガスの温度は圧縮機出口の空気温度よりも高いので，図 **11.8** に示すように排気ガスで圧縮機出口の空気を加熱し，その分だけ燃料を節約して熱効率を上げるのが再生サイクルである。再生サイクルには熱交換器が必要なため，重量や寸法に制約のある航空機用には使えないが，陸用または舶用ガスタービンで熱効率を重視する場合にはこの方式がとられている。

図 11.8　再生サイクル

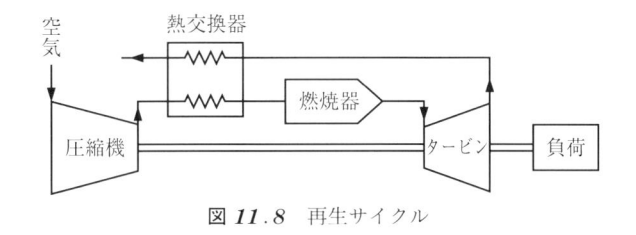

11.3　ガスタービンと蒸気プラントとの複合化

　ガスタービンの排気熱を利用することによりシステムの熱効率を大幅に上昇させる方法として，ガスタービンと蒸気プラントを組み合わせた**熱併給発電**や**複合発電**が注目されている。

　ガスタービンとボイラを組み合わせたシステムは従来からも考えられ，用いられてきたが，単に燃料の節約という補助的な位置に置かれていた。しかし最近の地球温暖化の問題と関連して，エネルギーの有効利用すなわち総合的エネルギー効率を大幅に向上させ，炭酸ガスの発生を極力抑えることが急務の課題になり，ガスタービンと蒸気プラントとの複合化がその有力な手段として位置づけられるようになった。それを可能にしたものは，ガスタービン入口温度の上昇とそれに伴う排気ガス温度の上昇，システムの改良，蒸気式の**吸収式冷凍機**の開発などが挙げられる。

11.3.1　ガスタービンによる熱併給発電

　ガスタービンによる熱併給発電は**図 11.9** に示すように，ガスタービンから出る高温排ガスの熱を利用して，排熱ボイラで蒸気を発生させ，ガスタービンによる発電と，蒸気による冷暖房や給湯などを同時に行うものである。この場合，ガスタービン出口の排ガス温度は通常 500〜600 °C で，冷暖房には吸収式冷凍機が用いられる。

　図 11.10 に熱併給発電システム（**コージェネレーションシステム**，co-generation system）の例として蒸気利用冷暖房システムを，**図 11.11** にその

138   11. ガスタービン

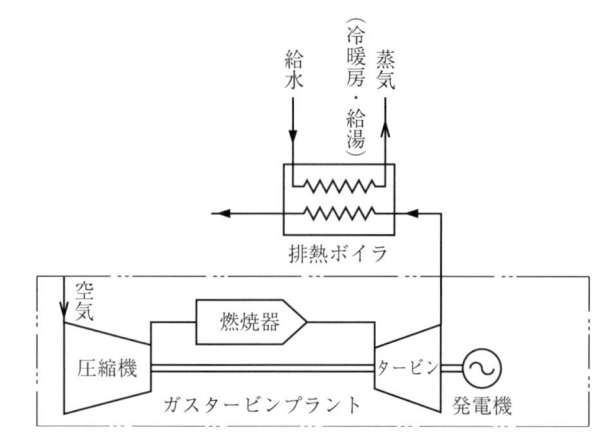

図 11.9 ガスタービンによる熱併給発電システム

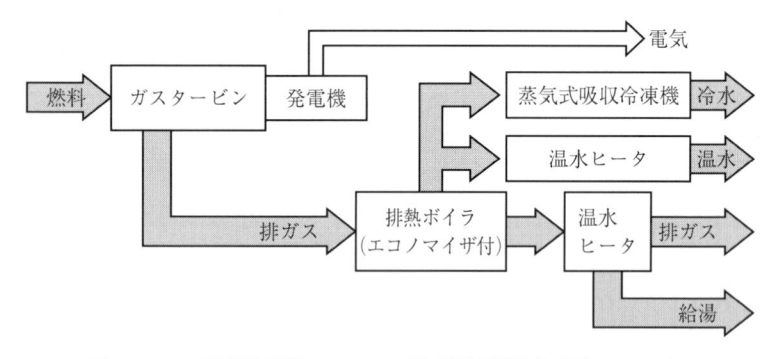

図 11.10 熱併給発電システムの例（蒸気利用冷暖房システム）
　　　　　　（川崎重工業（株）提供）

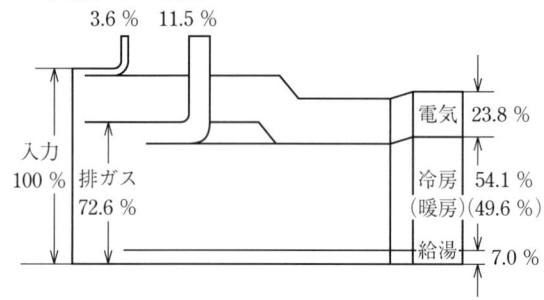

図 11.11 熱併給発電システムのエネルギーフロー
　　　　　　（川崎重工業（株）提供）

エネルギーフローの一例を示す．これはガスタービンの発電端出力が1 500 kW，ガスタービンの排ガス温度は521 ℃，冷房が3 410 kW（969 USRT[†1]），暖房が3 130 kW，給湯が440 kW の例で，総合的エネルギー効率は冷房で84.9 ％，暖房で80.4 ％である．排熱ボイラの蒸気条件は圧力が0.8 MPa の飽和蒸気，蒸発量は4.46 t/h で，冷房には蒸気式二重効用吸収冷凍機を用いている[†2]．

11.3.2　ガスタービンと蒸気プラントの複合発電

図 11.12 にその概略を示すように，燃料を燃やして発生させた高温ガスでガスタービンを回して発電し，さらにガスタービンの高温排ガスをボイラに導き蒸気を発生し，その蒸気で蒸気タービンを回して発電する二段構えの発電を複合発電（コンバインドサイクル発電：combined cycle power plant，略してCCPP）という．

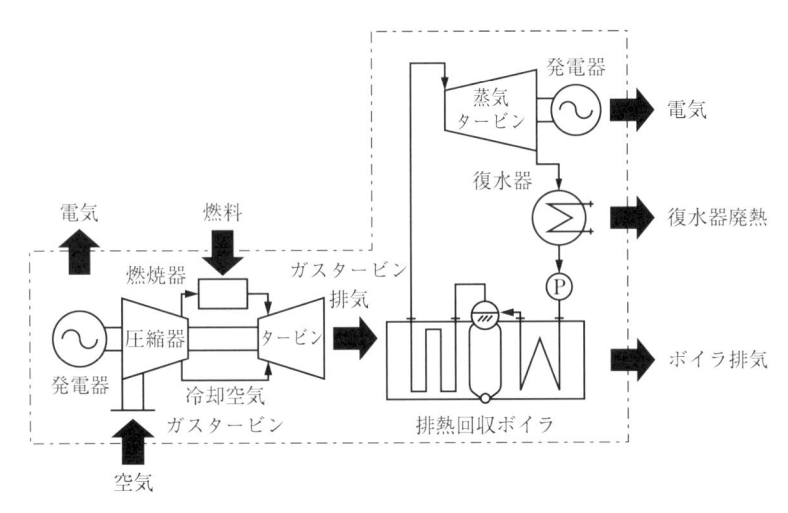

図 11.12　ガスタービンと蒸気プラントの複合発電システム

[†1] USRT は米式冷凍トンのこと．冷凍トンとは0 ℃の水1 t を冷凍し，24 時間かけて0 ℃，1 t の氷をつくる冷凍能力を表す．したがって1 冷凍トンは3.86 kW で，日本ではこの値を使用している．米式冷凍トンは氷の潜熱に概略値を用いており，1 USRT を3.52 kW（＝12 000 BTU/h）としている．
[†2] 川崎重工カタログ：ガスタービンコージェネレーションシステム　カワサキPUC シリーズ

ガスタービンと蒸気プラントの複合発電は，作動流体の高温側が高いというガスタービンの利点と，低温側が環境温度近傍まで下げることができるという蒸気プラントの利点をともに持っているため，熱効率は飛躍的に上昇した。例えば従来の大形火力発電所における蒸気プラントの熱効率が40％強であったものが，複合発電を行うことによって50％以上にまで高められ，さらに60％台も可能になってきている。同時に，複合発電によって効率を上げるためには，作動流体のガスタービン入口温度を高めることが不可欠で，そのため高温流体にさらされるタービンロータや翼，燃焼器などの冷却技術やセラミック化などの技術開発が進められている。

以下に最近の複合発電プラントの例を示す。

1999年7月に運転を開始した東北電力（株）東新潟火力発電所の複合発電プラントは，270 MWのガスタービン2機と，排熱回収ボイラおよび265 MWの蒸気タービン1機で構成されており，コンバインド熱効率が58％，コンバインド出力が805 MWの最新鋭高効率複合発電プラントである。ガスタービンはLNG焚きでタービン入口温度が1 450 ℃の単純サイクルガスタービン，排熱回収ボイラは蒸発量281 t/h，主蒸気圧力14.1 MPa，主蒸気温度569 ℃の3重圧自然循環ボイラおよび蒸気タービンは再熱混圧復水形で，復水器圧力は4.27 kPa（復水器温度は約30 ℃）である[†1]。

従来は熱効率が30％前後であった中容量ガスタービンの分野においても，複合発電にすることにより40％以上の高い熱効率が得られている。一例として11.1 MWのガスタービンと5.3 MWの蒸気タービンから構成される中容量の複合発電プラント（コンバインド発電出力は16.4 MW）において41.9％のコンバインド熱効率を達成している[†2]。

ガスタービンの排気熱で蒸気を発生させ，その蒸気をガスタービンの入口に

[†1] 堀越敬三ほか：最新鋭高効率コンバインドプラントの設計と試運転実績―東北電力（株）東新潟火力発電所第4-1号系列の建設―，三菱重工技報，**37**，1，pp.2～5 (2000-1)

[†2] 川崎重工カタログ：ガスタービンコージェネレーションシステム　カワサキPUCシリーズ

注入してガスタービンの出力と熱効率を上昇させる，**蒸気噴射形複合発電**も検討されている．これは複合発電ではあるが蒸気タービンと復水器が不要になるという利点も持っている[†1]．

11.3.3 複合発電プラントのエクセルギー解析

熱機関の性能を評価，検討する上でエクセルギー解析が有力な手段になる．ここではガスタービンと蒸気プラントの複合発電プラントにおける効率向上の方策について，エクセルギー解析により検討した例を紹介する．

3章で述べたようにエクセルギーは，エンタルピーから動力としては使用できない無効エネルギーを引いたもので，外部環境のもとで仕事として取り出しうる最大のエネルギーを表す．流体の持っている比エクセルギー e は**3**章の式（*3.1*）で表される．

$$e = (h-h_0) - T_0(s-s_0) \qquad (3.1)$$

ここで，h は流体の比エンタルピー，s は比エントロピー，添字の 0 は外部環境での値，T_0 は外部環境温度を表す．

以下では図 **11.12** に示す複合発電プラントについて，エクセルギー解析による熱力学的考察を行った結果の一例を紹介する[†2]．**表 11.1** に対象とする複合発電プラントの仕様を示す．プラントの規模は出力 5 ～ 10 MW で複合サイクルとしては比較的小規模なクラスで，プラントを構成する機器の効率もこのクラスの実績値を用いている．

複合発電プラントの，燃料の高位発熱量を基準としたエネルギーフローを図 **11.13** に，燃料の化学エクセルギーを基準としたエクセルギーフローを図 **11.14** に示す．図中の数字はいずれもパーセントである．図 **11.13** はエンタルピーをベースにしたものであり，図 **11.14** はエクセルギー，すなわち動力として有効に利用し得るエネルギーをベースにしたものである．

[†1] 須恵元彦：スーパーごみ発電システムの性能評価に関する研究，神戸大学博士論文，平成 13 年 1 月
[†2] 山下誠二：ガスタービンプラントにおける熱効率向上の方策，日本機械学会講演論文集，NO.014-1, pp.1 ～ 15,（'01.3 関西支部第 76 期定時総会講演会）

11. ガスタービン

表 11.1 複合発電プラントの検討条件

検討項目		基準条件	改良条件
ガスタービン	圧力比	10.7	16.0
	入口温度	1 327 K	1 427 K
	空気比	3.8	3.6
	出口温度	790 K	790 K
排熱回収ボイラ	ボイラ排ガス温度	441 K	441 K
蒸気タービン	蒸気圧力	3.2 MPa	3.2 MPa
	蒸気温度	704 K	704 K
	復水器圧力	8.0 kPa	8.0 kPa

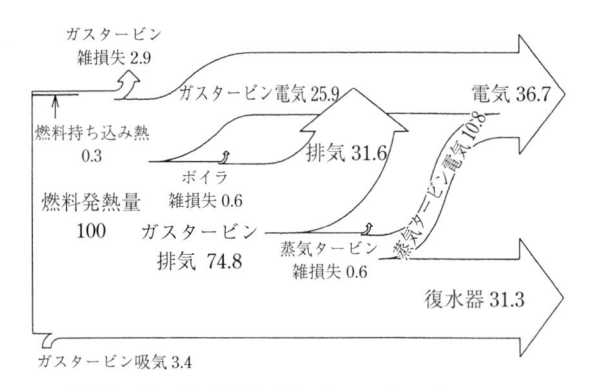

図 11.13 複合発電プラントのエネルギーフロー
（**表 11.1** の基準条件，エンタルピー基準）

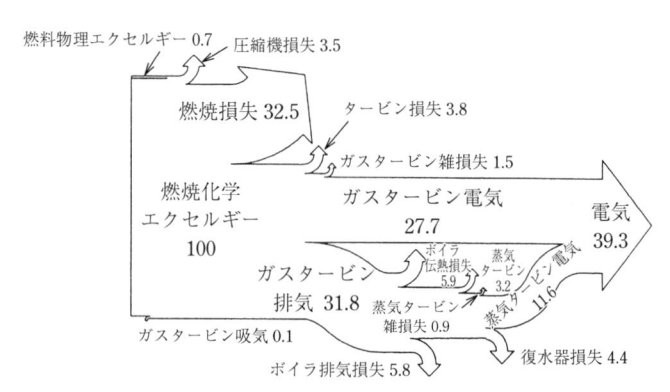

主な値：ガスタービン雑損失 2.9、燃料持ち込み熱 0.3、燃料発熱量 100、ガスタービン雑損失 0.6、ガスタービン排気 74.8、ガスタービン電気 25.9、排気 31.6、蒸気タービン雑損失 0.6、蒸気タービン電気 10.8、電気 36.7、復水器 31.3、ガスタービン吸気 3.4

図 11.14 複合発電プラントのエクセルギーフロー（*a*）
（**表 11.1** の基準条件）

主な値：燃料物理エクセルギー 0.7、圧縮機損失 3.5、燃焼損失 32.5、タービン損失 3.8、ガスタービン雑損失 1.5、燃焼化学エクセルギー 100、ガスタービン電気 27.7、ボイラ伝熱損失 5.9、蒸気タービン 3.2、蒸気タービン電気 11.6、電気 39.3、ガスタービン排気 31.8、蒸気タービン雑損失 0.9、ガスタービン吸気 0.1、ボイラ排気損失 5.8、復水器損失 4.4

11.3 ガスタービンと蒸気プラントとの複合化

複合発電プラントでは,上流のプラントで利用されなかった熱量は順次プラントの下流へ投入され,最終的にボイラ排気および復水器で捨てられる。図 **11.13** に見られるように,エンタルピーをベースにすると,エンタルピーの全損失 63.3％の内でボイラの排気損失が 31.6％,復水器での損失が 31.3％で,損失の大部分がボイラ排気と復水器で発生するように見える。しかし図 **11.14** のエクセルギーフローを見ると,エクセルギーの全損失 60.7％の内で,燃焼損失が 32.5％と最も大きく,排気損失は 5.8％,復水器の損失は 4.4％にすぎない。二つの検討で差異が生じたのは以下の理由による。

プラントの個々の過程で,混合や熱移動等による不可逆損失が発生しエントロピーが増大することにより無効エネルギー $T_0(s-s_0)$ が増大し,それに伴い動力として取り出し得るエネルギー,すなわちエクセルギーは減少する。このようにして流体が下流に進むにしたがいエンタルピーに含まれるエクセルギーは減少し,無効エネルギーは増大する。最後に外部環境温度近くまで仕事をした後,流体のエクセルギーは非常に少なくなり,エンタルピーはそのほとんどが無効エネルギーになる。結局,最終端の復水器におけるエンタルピーの「損失」の大部分が,それまでの過程で発生した無効エネルギーが蓄積されたものとなる。すなわち各種の不可逆損失により各過程でエクセルギーの損失が生じているにもかかわらず,エンタルピーで見る限りエネルギーの損失は最終端の復水器に集約されてしまう。したがって,プラントの熱効率向上を検討する場合には,エンタルピーの検討だけでは不十分で,各過程におけるエクセルギー解析が是非必要になる。

図 **11.14** から本複合プラントの熱効率を改善するには,燃焼のエクセルギー損失を減少させることが最も有効なことがわかる。燃焼のエクセルギー損失には,化学反応によるエクセルギー損失,空気中の窒素が混合することによる混合損失,および過剰空気を混合することによる混合損失がある。化学反応と窒素の混合による損失は空気で燃焼する限り避けられないが,空気比を下げ,過剰空気の量を少なくすることにより,燃焼のエクセルギー損失が減少することは容易に推定できる。その場合ガスタービンの入口温度も上昇する。表

11.1 の条件で，ガスタービン入口温度を 1 327 K から 1 427 K に，ガスタービンの圧力比を 10.7 から 16 に上昇させ，ガスタービンの排気温度を 790 K に一定に保った場合のエクセルギーフローを図 11.15 に示す。図 11.14 と図 11.15 を比較すると，複合プラントのエクセルギー効率は 39.3％から 42.6％と 3.3％上昇しているが，その内の 2.5％が燃焼のエクセルギー損失の減少によるものであることがわかる。

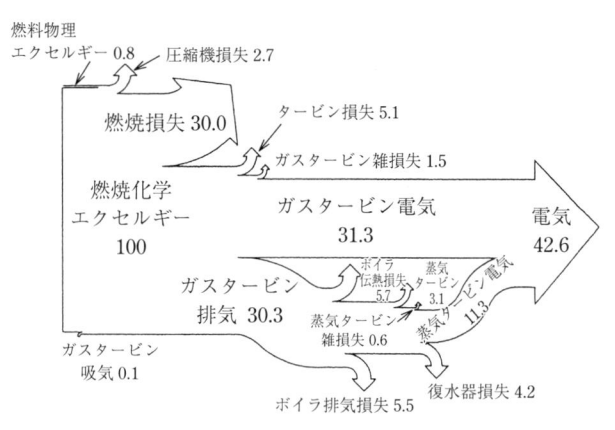

```
燃料物理エクセルギー 0.8    圧縮機損失 2.7
                              タービン損失 5.1
燃焼損失 30.0
                              ガスタービン雑損失 1.5
燃焼化学エクセルギー 100      ガスタービン電気 31.3      電気 42.6
                              ボイラ伝熱損失 5.7  蒸気タービン 3.1  蒸気タービン電気 11.3
ガスタービン排気 30.3
                              蒸気タービン雑損失 0.6
ガスタービン吸気 0.1
                              ボイラ排気損失 5.5   復水器損失 4.2
```

図 11.15　複合発電プラントのエクセルギーフロー（b）
　　　　（表 11.1 の改良条件）

ガスタービン入口温度と圧力比を上げることにより，ガスタービン側の熱効率が上昇するという，一見自明に思われることの原因が，低過剰空気に伴う燃焼のエクセルギー損失（混合のエクセルギー損失）の減少によるものであることが，エクセルギー解析で明らかになったことは，非常に興味深い。

11.4　ジェットエンジン

これまでに述べた動力用ガスタービンは，高温・高圧のガスでタービンを回して動力を得るのに対し，ジェットエンジンはそのガスをジェットノズルから高速で噴射させて推力を得るもので，**航空機用ガスタービン**として使用されている。

11.4 ジェットエンジン

　ジェットエンジンの最も基本的な形式で，構造的にも最も簡単なタイプの**ターボジェットエンジン**の説明図を図 11.16 に，その構造図を図 11.17 に示す．ターボジェットエンジンでは，空気は圧縮機と燃焼器で高温・高圧のガスになり，ガスタービンを回して圧縮機に必要な動力を出したのち，ジェットノズルから噴出することにより推力を出す．このエンジンは超音速旅客機や戦闘機用のエンジンとして用いられている．

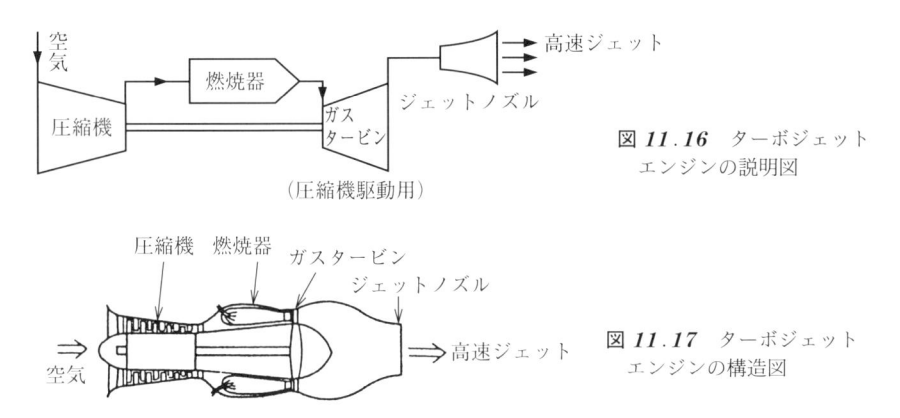

図 11.16　ターボジェットエンジンの説明図

図 11.17　ターボジェットエンジンの構造図

　図 11.18 に示すように，ターボジェットエンジンの後ろに別のタービンを置き，それによりエンジン前部の大きなファンを回し，空気流量を増やし，推力を増大させるものを**ターボファンエンジン**という．これは騒音が少なく亜音速域で効率が良いため，現在ほとんどの旅客機に用いられている．

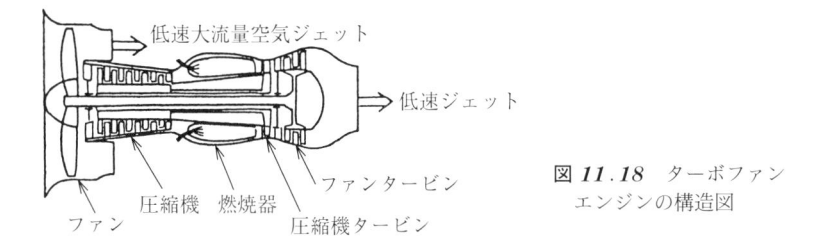

図 11.18　ターボファンエンジンの構造図

　空気の圧縮を圧縮機で行う代わりに，飛行の場合に生じる空気のせき止め圧力（ラム圧力）で行うものを**ラムジェットエンジン**といい，極超音速航空機のエンジンとして検討されている．

演習問題

【1】 単純で基本的なガスタービンサイクルを構成する三つの要素を上げ，それぞれの機能について説明せよ．

【2】 圧縮機の入口温度が 300 K，入口圧力が 101.3 kPa，タービン入口温度が 1000 K，圧力比 5 の基本的な可逆ガスタービンサイクルにおいて，つぎの値を計算せよ．
　　（1）　圧縮機出口のガスの温度，圧力と圧縮仕事量
　　（2）　燃焼器における吸収熱量
　　（3）　タービン出口の温度，圧力と放出熱量および膨張仕事量
　　（4）　ガスタービンの有効仕事量と効率
　　ただし，各仕事量と熱量は作動流体（ガス）1 kg 当りとし，比熱は c_p = 1.00 kJ/(kg·K)，比熱比 κ = 1.4 とする．

【3】 単純ガスタービンサイクルでは，タービンの入口温度を上昇させてもサイクルの効率が上がらない理由を考えよ．

【4】 ガスタービンの排気熱量を利用してサイクルの効率を上げる方法を三つ挙げ，そのそれぞれについて説明せよ．

【5】 ガスタービンと蒸気プラントを比較し，その利害得失を考えよ．

【6】 ガスタービンと容積形内燃機関を比較し，その利害得失を考えよ．

【7】 動力用ガスタービンとターボジェットエンジンの類似点と違いを述べよ．

12

原子力発電

　原子核分裂により発生した熱エネルギーを作動流体としての水やガスに与えて高温・高圧の蒸気やガスを発生させてタービンを駆動して動力を得る機関を原子動力機関（nuclear power plant）と呼び，発電に用いるとき原子力発電と呼ばれる。原子炉が蒸気原動機におけるボイラに相当している（図 *12.1*）。

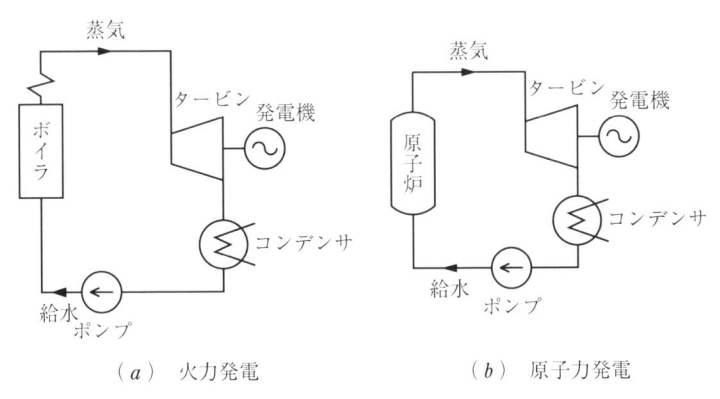

(*a*) 火力発電　　　　(*b*) 原子力発電

図 *12.1*　火力発電と原子力発電の比較

12.1 核 分 裂

　原子は原子核と電子により構成されて，原子核は陽子と中性子からなっている。ウラン235（^{235}U）やプルトニウム（^{239}Pu）などの原子核に中性子を当てると原子核は分裂して2～3個の中性子を放出する。この中性子がつぎの核分裂を引き起こし，つぎつぎと核分裂が継続することを**核分裂連鎖反応**と呼ぶ。

この核分裂に伴って質量の一部がエネルギーに転換される。1回の核分裂で発生した中性子のうち，一つの中性子のみがつぎの核分裂を引き起こす状態，つまり核分裂を引き起こした中性子と同数の中性子がつぎの核分裂を起こす状態では，核分裂の数がつねに一定に保たれる。この状態を臨界状態という。

ウラン原子1個の核分裂で放出されるエネルギーは約 200 MeV（3.2×10^{-11} J）となり，1 g のウラン 235 がすべて核分裂を起こすとすると，およそ 8.2×10^{10} J に相当して原油では 2 kl，石炭で 2.7 t に相当するエネルギーが得られる。

12.2 原子炉の構成

原子炉は原子炉容器の中に核燃料・減速材・冷却材・制御棒が収められ，格納容器で囲まれ，さらにその周囲を厚いコンクリート壁で覆われている。

〔1〕**核燃料** 原子炉内で核分裂反応を起こしエネルギーを発生する可能性のある物質をいう。代表的なものとして天然ウラン，濃縮ウラン，プルトニウム，トリウムなどが挙げられる。天然ウランからウラン 235（^{235}U）の含有率を高めたものを**濃縮ウラン**（enriched uranium）と呼んでいる。通常，ウラン 235 が数％程度含まれる低濃縮ウランを焼き固めて直径・高さとも 1 cm 程度の小さな円柱状のペレットにして，4 m ほどの金属製円筒に密封したものが**燃料棒**といわれる。それらを数十本から数百本に束ねた集合体にして原子炉内に装荷する。

〔2〕**減速材** 核分裂した時に放出される中性子は高い運動エネルギーを持つ高速中性子（fast neutron）である。**減速材**（moderator）によって高速中性子を低い運動エネルギーの熱中性子（thermal neutron）になるまで速度を落としてウランの核分裂連鎖反応を効率よく行う。減速材としては水素・重水素，ベリリウム，炭素などのような原子核質量数が小さく，中性子の吸収が小さい物質が用いられる。実際はこれらの元素を含む軽水，重水，ベリリウム，黒鉛などが用いられる。

12.2 原子炉の構成

〔3〕**冷却材** 原子炉内で発生した熱を外部に運び出し，炉心を冷却する流体が**冷却材**（coolant）である．熱輸送特性がよく，中性子の吸収が小さい軽水，重水，炭酸ガス，または液体金属ナトリウムなどが用いられている．

〔4〕**制御棒** 連鎖反応を制御するには，核分裂を引き起こす中性子の数を増減すればよい．このために，中性子を吸収しやすいカドミニウム（Cd），ホウ素（B），ハフニウム（Hf）などをステンレス鋼で被覆した**制御棒**（control rod）を燃料集合体（図 *12.2*）の中に挿入したり引き出したりすることにより制御する[22,23]†．

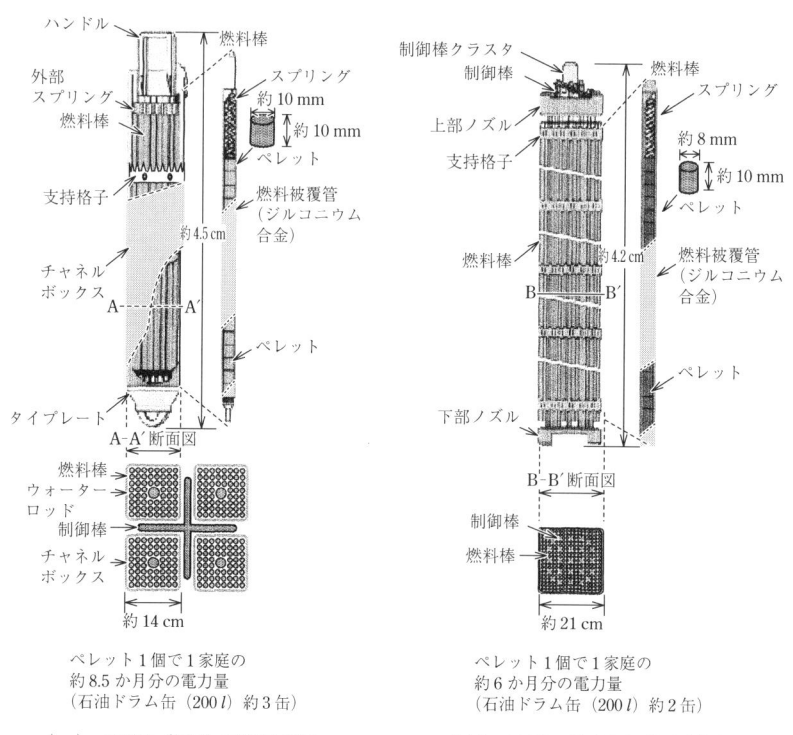

(a) BWR（沸騰水形原子炉）

(b) PWR（加圧水形原子炉）

図 *12.2* 燃料棒と制御棒[22,23]

---

† 肩付数字は巻末の引用・参考文献番号を示す．

〔5〕 **その他** 以上のほかに，炉心を収める圧力容器，中性子などの放射線を外部に出さないための遮蔽体がある。さらに冷却材を循環させるためのポンプや，冷却・加熱のための熱交換器，さらに制御・監視・警報装置や安全装置などがある。

12.3 原子炉の分類

原子炉は分類基準のとり方により，以下のような分類がなされる。
〔1〕 **構造材料**（核燃料・冷却材・減速材など）
① 核燃料：天然ウラン炉・濃縮ウラン炉・プルトニウム炉・トリウム炉
② 冷却材：水冷却炉・ガス冷却炉・液体金属冷却炉・有機液体冷却炉
③ 減速材：軽水炉・重水炉・黒鉛減速炉・有機液体減速炉
〔2〕 **中性子の速度エネルギー**
① 高速中性子炉，② 中速中性子炉，③ 熱中性子炉
〔3〕 **使用目的**
① 研究炉：教育訓練，試験用
② 動力炉：発電や推進力を得るため
③ 生産炉：放射性物質やプルトニウムなどの製造
④ 多目的炉：加熱・水蒸気発生のための工業炉や発電・製鉄，化学工業，地域冷暖房などを組み合わせたもの

12.4 動力用原子炉

代表的なものとして軽水炉と重水炉がある。またガス冷却炉や高速増殖炉が挙げられる。
〔1〕 **軽水炉** 軽水炉はアメリカで発達し，世界中で実用化されている。**加圧水形原子炉**（PWR，pressurized water reactor）と**沸騰水形原子炉**（BWR，boiling water reactor）がある。ともに核燃料として，低濃縮ウラン

の酸化物が多く用いられ，軽水を減速材および冷却材として用いている．軽水は補給が簡単であり，その処理も容易である（軽水：普通の水．重水と区別してこう呼ぶ）．

 1）**加圧水形原子炉** 軽水を炉内で加圧して（約 15.7 MPa，320 °C）炉心内で沸騰を起こさせることなく加熱する形式で，蒸気発生器における二次冷却水との熱交換により，蒸気を発生させて，蒸気タービンに送る．図 **12.3** に加圧水形原子炉[22,23]を示す．

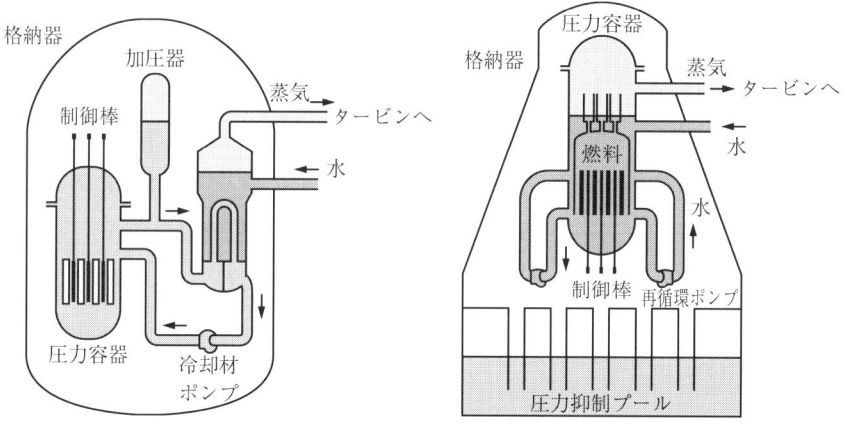

図 **12.3** 加圧水形原子炉[22,23]   図 **12.4** 沸騰水形原子炉[22,23]

 2）**沸騰水形原子炉** 軽水を炉心で沸騰させ，発生した飽和蒸気（約 7 MPa，280 °C）を直接蒸気タービンに送る形式である．図 **12.4** に沸騰水形原子炉を示す[22,23]．

〔2〕**重水炉** 軽水の水素 H_2 の代わりに重水素 D_2 の入った重水を用いる．重水は中性子の吸収が少なく，また減速能力も比較的大きい性質を持っているため，燃料として天然ウランでも稼動することができる．また低濃縮ウランも使用できる．重水も高温になると沸騰するので，炉内全体を高圧にした圧力容器方式と重水を比較的低圧で減速材として用いて重水以外の流体（軽水・気体・有機体）を冷却材として，高圧にして燃料が格納された高圧管内を流動させる圧力管方式がある．

〔3〕 **ガス冷却炉**　イギリスやフランスで実用化が進んだ発電用原子炉で，冷却材としてガスを用いるものである．核燃料としては天然ウランを用い，減速材として黒鉛を，冷却材として二酸化炭素やヘリウムなどのガスを用いる．

12.5 高速増殖炉

高速増殖炉（FBR，fast breeder reactor）は，発電しながら消費した以上の核燃料を作り出すことができる．また，天然ウランの大部分を占める核分裂しにくいウラン238を効率よくプルトニウムに変え，燃料とすることができウラン資源の利用効率を高めることができる．

冷却材には中性子を減速・吸収しにくく，熱伝導がよく，比重が小さく (0.97)，沸点が高い液体ナトリウムを用いる．また，原子炉容器内をほぼ常圧 (1気圧) にすることができる．しかし，ナトリウムは腐食性が強く空気に触れると変質し，水と激しく反応する危険性がある．図 *12.5* に高速増殖炉の構成を示す．

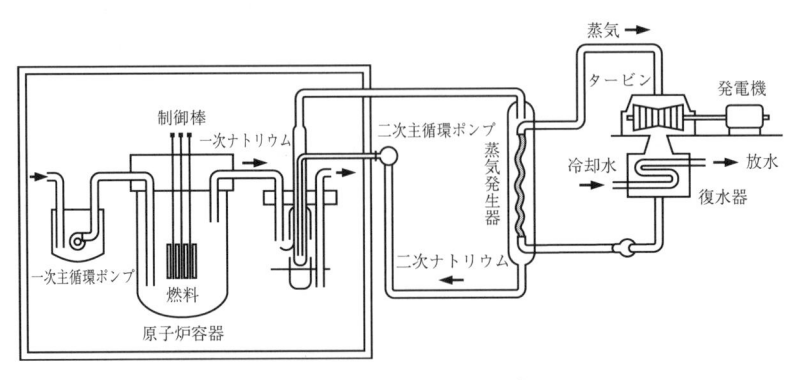

図 *12.5*　高速増殖炉の構成

軽水炉と高速増殖炉での核分裂を比較してみる（図 *12.6*）．軽水炉の場合，原子炉でウラン235に中性子を当てると核分裂を起こし，1回の分裂により2〜3個の中性子が生じる．この中性子は高速中性子で，これを水で減速させ，

12.6 ウランの濃縮 153

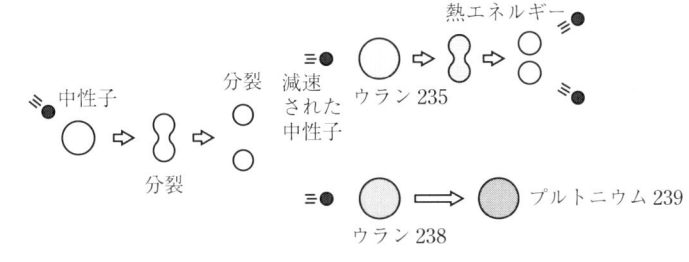

(a) 軽水炉での核分裂

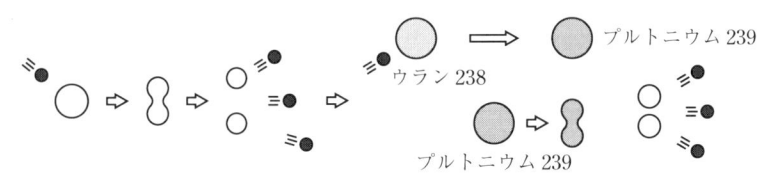

(b) 高速増殖炉での核分裂

図 *12.6* 軽水炉と高速増殖炉での核分裂

つぎのウラン 235 に当てて核分裂させる。ウラン 238 は，高速中性子を吸収しやすく，核燃料に使えるプルトニウム 239 に変化して再び燃料として使用できる。しかしながら減速された中性子が多いため，生成するプルトニウムの割合は大きくない。

　高速増殖炉の場合は，ウラン・プルトニウム混合酸化物燃料を使用し，前述のとおり冷却材に中性子を減速・吸収しにくいナトリウムを使用する。プルトニウム 239 は，高速中性子で核分裂を起こし，平均 3 個に近い中性子を放出するが，軽水炉に比べて中性子が減速・吸収されにくいことから，ウラン 238 がプルトニウム 239 に変わる割合が大きくなり，消費されたプルトニウム 239 の数よりもたくさんのプルトニウム 239 が作り出される（増殖）。高速増殖炉とは，高速中性子を用いて核燃料を増殖する原子炉を意味する。

12.6 ウランの濃縮

　天然ウランは大部分（99.3 ％）がウラン 238 であり，ウラン 235 は 0.7 ％

しか含まれていない。ウラン 235 は核分裂を起こしやすいが，ウラン 238 は核分裂を起こしにくい。軽水炉では天然ウランのままではウラン 235 の割合が低すぎて核分裂連鎖反応が維持できない。これを 3～5％程度までに比率を高めることを**ウランの濃縮**と呼ぶ。濃縮方法として，ガス拡散法や遠心分離法などが使われる。

ここで，原子爆弾と原子力発電の違いを述べると，原子力発電と原子爆弾はともに核分裂によるエネルギーを利用したものであるが，原子爆弾の原料にはウラン 235 を 100％近く濃縮させたものを使用して，効率良く瞬時に核分裂連鎖反応を引き起こし，膨大なエネルギーを発生させるのに対し，原子力発電では，燃料中のウラン 235 を少しずつ核分裂させて，一定の規模の核分裂連鎖反応を継続させる（図 **12.7**）。燃料中のウラン 235 の割合は 3～5％で，大部分（95～97％）はウラン 238 が占め，中性子を吸収する働きをしている。

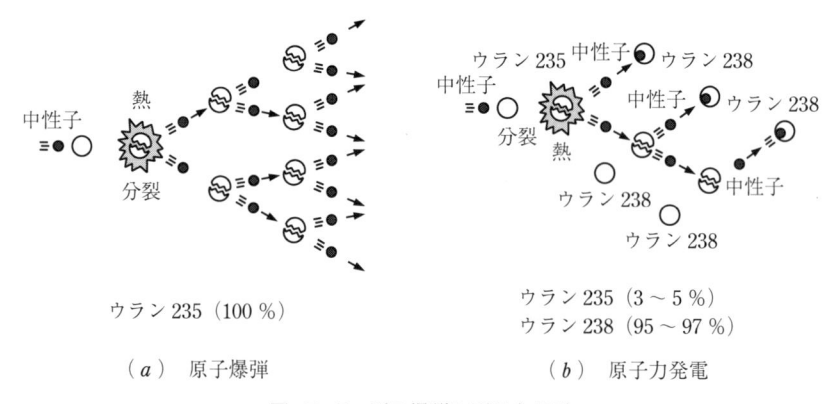

図 **12.7** 原子爆弾と原子力発電

12.7 使用済燃料の再処理

使用済燃料の中には，まだ核分裂していないウラン 235 および新たに生まれたプルトニウムがそれぞれ 1％ほど含まれている。これらを回収すれば再利用できる。再処理の工程は，貯蔵プールで使用済燃料を冷却し，つぎにこれを切

断して硝酸により溶解し，有機溶媒を使って化学的に核分裂生成物などを分離してウランとプルトニウムを回収する。軽水炉においてプルトニウムを利用することをプルサーマルと呼び，プルトニウムとウランを混合した燃料（MOX燃料, mixed oxide fuel）にして使用する。MOX燃料は，ウラン燃料中のウラン235を使用済燃料から回収されたプルトニウムに置き換えたものである。

12.8　原子炉の安全確保と事故事例

　過去の原子炉の事故事例に学び安全確保をおこなう必要があるが，過去の代表的な事故を挙げてみる。

〔1〕　**スリーマイル島発電所事故**（アメリカ・1979年）　主給水ポンプが停止したことにより，冷却水が送れなくなり，原子炉内の温度が上昇したが，非常用炉心冷却システムを運転員が止めてしまうなどの誤操作，不具合が重なり，一次冷却水が減少して炉心上部が蒸気中に露出し，燃料の損傷および炉内構造物の一部溶融に到った事故であった。通常ならば補助給水ポンプが作動するのだが，このときは弁が誤って閉じられていた。このような機器の故障と誤操作が重なって起きた事故であった。

〔2〕　**チェルノブイリ発電所事故**（旧ソ連・1986年）　外部から電力の供給が止まった際に，タービン発電機の慣性の回転でどの程度の電力が取り出せるかを実験していたときに発生した。運転員は自動停止装置が働かないようにして，制御棒も規則に違反するレベルまで引き抜いて実験を実施していた。このため，原子炉の出力が急に上昇して燃料の過熱，急激な蒸気の発生，圧力管の破壊，原子炉と建屋の一部は破壊にまで到り，放射性物質が近隣諸国にまで飛散した。

〔3〕　**美浜発電所2号機事故**（1991年）　蒸気発生器の伝熱管の1本が破断して，非常用炉心冷却装置が作動した事故である。原因は伝熱管の振れ止め金具が設計通りに取り付けられていなかったため，伝熱管に異常振動が起こり，破断に到った。

〔4〕 **高速増殖炉もんじゅ事故**（1995年）　二次冷却系の液体金属ナトリウムが，配管に取り付けてある温度計のさや管から漏洩した。原因は，温度計のさや管の設計が不適切であったためであり，ナトリウムの流れによる振動で破損した。漏出したナトリウムは空気と激しく反応して燃焼した。

〔5〕 **JCOウラン加工施設臨界事故**（1999年）　核燃料の再転換工場において，濃縮ウラン溶液を均一化する作業中に発生した。正規の作業手順から逸脱して，溶解装置ではなくステンレス容器でウラン粉末を溶解して，使用目的が異なる沈殿槽に規定量以上の硝酸ウラニル液を入れたために臨界状態に到った事故であった。

〔6〕 **福島第一原子力発電所事故**（2011年）　東京電力の福島第一原子力発電所には1〜6号機まで6基の原子炉があった。3月11日の地震発生時に運転中だった1〜3号機には制御棒が挿入され，自動停止した（4〜6号機は定期点検で停止中）。しかしその後の大津波により，外部電源に加えて非常用ディーゼル発電機もすべて停止し，全電源を喪失した。そのため原子炉を冷却できなくなり，1〜4号機の大事故となった。

演 習 問 題

【1】 ウランの核分裂としてつぎの核反応
$$_{92}U^{235} + {}_0n^1 \rightarrow {}_{56}Ba^{141} + {}_{36}Kr^{92} + 3{}_0n^1$$
が生じるとき1gのウランは石炭2.7t分の発熱量と等しいことを確かめよ。ただし，それぞれの原子，中性子の質量は原子質量単位（atomic mass unit, 1 amu＝1.66×10^{-27} kg）を用いると，$_{92}U^{235}$＝235.043 9 amu，$_0n^1$＝1.008 7 amu，$_{56}Ba^{141}$＝140.913 9 amu，$_{36}Kr^{92}$＝91.897 3 amuである。また，石炭の発熱量を30 000 kJ/kgとする。

【2】 原子炉での主要構成要素の機能と材質についてまとめよ。

【3】 わが国の運転実績を調べ，今後の原子力発電のあるべき姿について意見を述べよ。

【4】 世界各国での事故事例を調べ，事故原因についての意見を述べよ。

【5】 放射線の種類と透過力について調べてまとめよ。

付　録

付 1　熱に関する SI の基本単位と換算表

付 1.1　SI の基本単位

量		単　位		
名　称	文字記号	名　称	英語名	単位記号
長　さ	l	メートル	metre	m
質　量	m	キログラム	kirogram	kg
時　間	t	秒	second	s
電　流	I	アンペア	ampere	A
温　度	T	ケルビン	kelvin	K
物質の量	n	モ　ル	mole	mol
光　度	I	カンデラ	candela	cd

付 1.2　10^n の単位の SI 接頭語

係数	接頭語	原語	記号	係数	接頭語	原語	記号
10^{18}	エクサ	exa	E	10^{-1}	デ　シ	deci	d
10^{16}	ペ　タ	peta	P	10^{-2}	センチ	centi	c
10^{12}	テ　ラ	tera	T	10^{-3}	ミ　リ	milli	m
10^{9}	ギ　ガ	giga	G	10^{-6}	マイクロ	micro	μ
10^{6}	メ　ガ	mega	M	10^{-9}	ナ　ノ	nano	n
10^{3}	キ　ロ	kilo	k	10^{-12}	ピ　コ	pico	p
10^{2}	ヘクト	hecto	h	10^{-15}	フェムト	femto	f
10	デ　カ	deca	da	10^{-18}	ア　ト	atto	a

付 1.3　ギリシャ文字

文字		ギリシャ名	通　称	文字		ギリシャ名	通　称
A	α	アルファ		N	ν	ニュー	
B	β	ベータ	ビータ	Ξ	ξ	クサイ, クシー	グザイ
Γ	γ	ガンマ		O	o	オミクロン	
Δ	δ	デルタ		Π	π	ペイ, ピー	パ　イ
E	ε	エプシロン	イプシロン	P	ρ	ロー	
Z	ζ	ゼータ	ジータ	Σ	σ	シグマ	
H	η	エータ	イータ	T	τ	タ　ウ	
Θ	θ	テータ	シータ	Υ	υ	ユプシロン	ウプシロン
I	ι	イオータ	イオタ	Φ	ϕ	フェイ, フィー	ファイ
K	κ	カッパ		X	χ	キー	カ　イ
Λ	λ	ラムブダ	ラムダ	Ψ	ψ	プセイ, プシー	プサイ
M	μ	ミュー		Ω	ω	オーメガ	オメガ

付 1.4 力，熱量(仕事)，動力，圧力

量	名 称	単位記号	定 義
力	ニュートン (Newton)	1 N	質量1kgのもとで加速度$1\,\mathrm{m/s^2}$を与える力 $1\,[\mathrm{N}]=1\,[\mathrm{kg\cdot m/s^2}]$ 重力単位 $1\,[\mathrm{kgf}]=9.81\,[\mathrm{N}]$
熱 量 仕 事	ジュール (Joule)	1 J	1Nの力のもとで1mの距離を動かすときの仕事 SIではこの仕事に相当する熱量に等しい。 $1\,[\mathrm{J}]=1\,[\mathrm{N\cdot m}]=1\,[\mathrm{kg\cdot m^2/s^2}]$ 重力単位 仕事　$1\,[\mathrm{kgf\cdot m}]=9.81\,[\mathrm{N\cdot m}]=9.81\,[\mathrm{J}]$ 熱量　$1\,[\mathrm{kcal}]=4.187\,[\mathrm{kJ}]$ 　　　$1\,[\mathrm{kcal}]=427\,[\mathrm{kgf\cdot m}]$ 比熱　$1\,[\mathrm{kcal/(kg\cdot{}^\circ C)}]=4.187\,[\mathrm{kJ/(kg\cdot K)}]$
動 力 仕事率	ワット (Watt)	1 W	1秒間に1Jの仕事をするときの仕事の割合 $1\,[\mathrm{W}]=1\,[\mathrm{J/s}]=1\,[\mathrm{N\cdot m/s}]=1\,[\mathrm{kg\cdot m^2/s^3}]$ 重力単位 $1\,[\mathrm{PS}]=75\,[\mathrm{kgf\cdot m/s}]=0.735\,5\,[\mathrm{kW}]$ $1[\mathrm{kW}]=860\,[\mathrm{kcal/h}]=1.36\,[\mathrm{PS}]$ 　　　　$=102\,[\mathrm{kgf\cdot m/s}]$ $1\,[\mathrm{PSh}]=0.735\,5\,[\mathrm{kWh}]=632.5\,[\mathrm{kcal}]$ 　　　　$=2.648\,[\mathrm{MJ}]$ $1[\mathrm{kWh}]=860\,[\mathrm{kcal}]=1.36\,[\mathrm{PSh}]$ 　　　　$=3.6\,[\mathrm{MJ}]$
圧 力	パスカル (Pascal)	1 Pa	単位面積 ($\mathrm{m^2}$) 当りにかかる力 $1\,[\mathrm{Pa}]=1\,[\mathrm{N/m^2}]=1\,[\mathrm{kg/m\cdot s^2}]$ $1\,[\mathrm{bar}(バール)]=10^5\,[\mathrm{Pa}]$ 重力単位 $1[\mathrm{at}]=1[\mathrm{kgf/cm^2}]=98.1[\mathrm{kPa}\,(1\,工学気圧)]$ atの後にaかgが付いて絶対圧と計器圧を示す。 $1\,[\mathrm{ata}(絶対圧)]=1\,[\mathrm{atg}(計器圧力)]+大気圧$ $1\,[\mathrm{atm}]=1\,[標準気圧]=760\,[\mathrm{mmHg}]$ 　　　　$=1.013\,[\mathrm{bar}]=1\,013\,[\mathrm{mb}]$ 　　　　$=1.013\times10^5\,[\mathrm{Pa}]=1\,013\,[\mathrm{hPa}]$ 　　　　$=1.033\,[\mathrm{at}]$

付 2 蒸気 h-s 線図（モリエ線図）

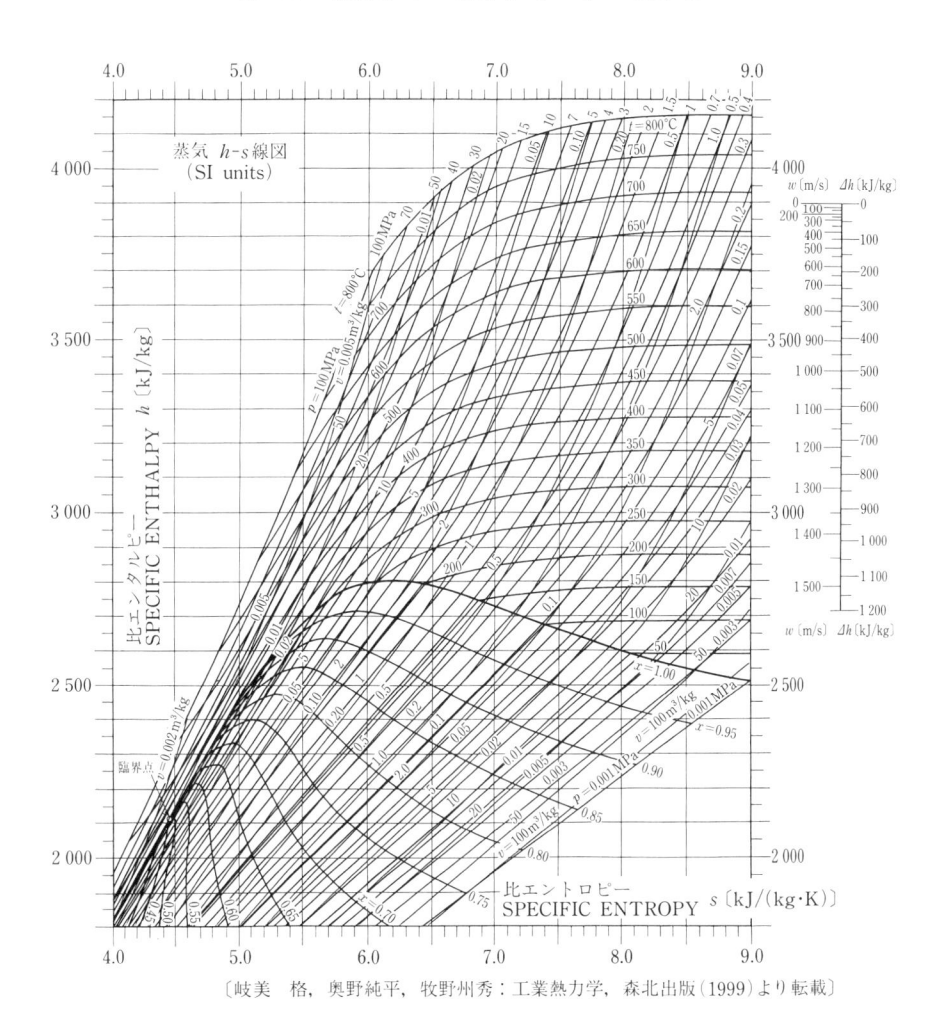

付 3 飽和蒸気表と過熱蒸気表

付 3.1 温度基準飽和蒸気表 〔小型蒸気表 (1980 SI), 日本機械学会より抜粋〕

温度 t [°C]	飽和圧力 P [MPa]	[mmHg]	比体積 [m³/kg] v'	v''	比エンタルピー [kJ/kg] h'	h''	$r = h'' - h'$	比エントロピー [kJ/(kg·K)] s'	s''
*0	0.000 610 8	4.6	0.001 000 22	206.305	−0.042	2 501.6	2 501.6	−0.000 15	9.157 73
0.01	0.000 611 2	4.6	0.001 000 22	206.163	0.001	2 501.6	2 501.6	0.000 00	9.157 46
5	0.000 871 8	6.5	0.001 000 03	147.163	21.007	2 510.7	2 489.7	0.076 21	9.026 90
10	0.001 227 0	9.2	0.001 000 25	106.430	41.994	2 519.9	2 477.9	0.150 99	8.901 96
15	0.001 703 9	12.8	0.001 000 83	77.977 9	62.941	2 529.1	2 466.1	0.224 32	8.782 57
20	0.002 336 6	17.5	0.001 001 72	57.838 3	83.862	2 538.2	2 454.3	0.296 30	8.668 40
25	0.003 166 0	23.7	0.001 002 89	43.401 7	104.767	2 547.3	2 442.5	0.367 01	8.559 16
30	0.004 241 5	31.8	0.001 004 31	32.928 9	125.664	2 556.4	2 430.7	0.436 51	8.454 56
35	0.005 621 6	42.2	0.001 005 95	25.244 9	146.557	2 565.4	2 418.8	0.504 86	8.354 34
40	0.007 375 0	55.3	0.001 007 81	19.546 1	167.452	2 574.4	2 406.9	0.572 12	8.258 26
45	0.009 582 0	71.9	0.001 009 87	15.276 2	188.351	2 583.3	2 394.9	0.638 32	8.166 07
50	0.012 335	92.5	0.001 012 11	12.045 7	209.256	2 592.2	2 382.9	0.703 51	8.077 57
55	0.015 741	118.1	0.001 014 54	9.578 87	230.168	2 601.0	2 370.8	0.767 72	7.992 55
60	0.019 920	149.4	0.001 017 14	7.678 53	251.091	2 609.7	2 358.6	0.830 99	7.910 81
65	0.025 009	187.6	0.001 019 91	6.202 28	272.025	2 618.4	2 346.3	0.893 34	7.832 17
70	0.031 162	233.7	0.001 022 85	5.046 27	292.972	2 626.9	2 334.0	0.954 82	7.756 47
75	0.038 549	289.1	0.001 025 94	4.134 10	313.936	2 635.4	2 321.5	1.015 44	7.683 53
80	0.047 360	355.2	0.001 029 19	3.409 09	334.916	2 643.8	2 308.8	1.075 25	7.613 22
85	0.057 803	433.6	0.001 032 59	2.828 81	355.917	2 652.0	2 296.1	1.134 27	7.545 37
90	0.070 109	525.9	0.001 036 15	2.361 30	376.939	2 660.1	2 283.2	1.192 53	7.479 87
95	0.084 526	634.0	0.001 039 85	1.982 22	397.988	2 668.1	2 270.2	1.250 05	7.416 58
100	0.101 325	760.0	0.001 043 71	1.673 00	419.064	2 676.0	2 256.9	1.306 87	7.355 38
105	0.120 80	906.1	0.001 047 71	1.419 28	440.172	2 683.7	2 243.6	1.363 01	7.296 15
110	0.143 27	1 074.6	0.001 051 87	1.209 94	461.315	2 691.3	2 230.0	1.418 49	7.238 80
115	0.169 06	1 268.1	0.001 056 17	1.036 29	482.496	2 698.7	2 216.2	1.473 34	7.183 21
120	0.198 54	1 489.2	0.001 060 63	0.891 524	503.719	2 706.0	2 202.2	1.527 59	7.129 28
125	0.232 10	1 740.9	0.001 065 25	0.770 233	524.988	2 713.0	2 188.0	1.581 26	7.076 93
130	0.270 13		0.001 070 02	0.668 136	546.305	2 719.9	2 173.6	1.634 36	7.026 06
135	0.313 07		0.001 074 96	0.581 807	567.676	2 726.6	2 158.9	1.686 93	6.976 59
140	0.361 38		0.001 080 06	0.508 493	589.104	2 733.1	2 144.0	1.738 99	6.928 44
145	0.415 52		0.001 085 33	0.445 975	610.594	2 739.3	2 128.7	1.790 55	6.881 53
150	0.476 00		0.001 090 78	0.392 447	632.149	2 745.4	2 113.2	1.841 64	6.835 78
155	0.543 33		0.001 096 41	0.346 442	653.775	2 751.2	2 097.4	1.892 27	6.791 12
160	0.618 06		0.001 102 23	0.306 756	675.474	2 756.7	2 081.3	1.942 47	6.747 49
165	0.700 77		0.001 108 24	0.272 399	697.253	2 762.0	2 064.8	1.992 25	6.704 81
170	0.792 02		0.001 114 46	0.242 553	719.116	2 767.1	2 047.9	2.041 64	6.663 03

付 3.1 （つづき）

温度 t [℃]	飽和圧力 P [MPa]	[mmHg]	比体積 [m³/kg] v'	v''	比エンタルピー [kJ/kg] h'	h''	$r = h'' - h'$	比エントロピー [kJ/(kg·K)] s'	s''
175	0.892 44		0.001 120 88	0.216 542	741.069	2 771.8	2 030.7	2.090 64	6.622 07
180	1.002 7		0.001 127 52	0.193 800	763.116	2 776.3	2 013.1	2.139 29	6.581 89
185	1.123 3		0.001 134 39	0.173 857	785.263	2 780.4	1 995.2	2.187 60	6.542 42
190	1.255 1		0.001 141 51	0.156 316	807.517	2 784.3	1 976.7	2.235 58	6.503 61
195	1.398 7		0.001 148 87	0.140 844	829.884	2 787.8	1 957.9	2.283 26	6.465 41
200	1.554 9		0.001 156 50	0.127 160	852.371	2 790.9	1 938.6	2.330 66	6.427 76
205	1.724 3		0.001 164 40	0.115 026	874.985	2 793.8	1 918.8	2.377 79	6.390 62
210	1.907 7		0.001 172 60	0.104 239	897.734	2 796.2	1 898.5	2.424 67	6.353 93
215	2.106 0		0.001 181 12	0.094 625 3	920.627	2 798.3	1 877.6	2.471 33	6.317 65
220	2.319 8		0.001 189 96	0.086 037 8	943.673	2 799.9	1 856.2	2.517 79	6.281 72
225	2.550 1		0.001 199 15	0.078 349 1	966.882	2 801.2	1 834.3	2.564 06	6.246 10
230	2.797 6		0.001 208 72	0.071 449 8	990.265	2 802.0	1 811.7	2.610 17	6.210 74
235	3.063 2		0.001 218 69	0.065 245 4	1 013.83	2 802.3	1 788.5	2.656 14	6.175 59
240	3.347 8		0.001 229 08	0.059 654 4	1 037.60	2 802.2	1 764.6	2.702 00	6.140 59
250	3.977 6		0.001 251 29	0.050 037 4	1 085.78	2 800.4	1 714.7	2.793 48	6.070 83
260	4.694 3		0.001 275 63	0.042 133 8	1 134.94	2 796.4	1 661.5	2.884 85	6.000 97
270	5.505 8		0.001 302 50	0.035 588 0	1 185.23	2 789.9	1 604.6	2.976 35	5.930 45
280	6.420 2		0.001 332 39	0.030 126 0	1 236.84	2 780.4	1 543.6	3.068 30	5.858 63
290	7.446 1		0.001 365 95	0.025 535 1	1 290.01	2 767.6	1 477.6	3.161 08	5.784 78
300	8.592 7		0.001 404 06	0.021 648 7	1 345.05	2 751.0	1 406.0	3.255 17	5.708 12
310	9.870 0		0.001 447 97	0.018 333 9	1 402.39	2 730.0	1 327.6	3.351 19	5.627 76
320	11.289		0.001 499 50	0.015 479 8	1 462.60	2 703.7	1 241.1	3.450 00	5.542 33
330	12.863		0.001 561 47	0.012 989 4	1 526.52	2 670.2	1 143.6	3.552 83	5.449 01
340	14.605		0.001 638 72	0.010 780 4	1 595.47	2 626.2	1 030.7	3.661 62	5.342 74
350	16.535		0.001 741 12	0.008 799 1	1 671.94	2 567.7	895.7	3.780 04	5.217 66
355	17.577		0.001 808 5	0.007 859 2	1 716.6	2 530.4	813.8	3.848 86	5.144 17
360	18.675		0.001 895 9	0.006 939 8	1 764.2	2 485.4	721.3	3.921 02	5.060 03
365	19.833		0.002 016 0	0.006 011 6	1 818.0	2 428.0	610.0	4.002 08	4.957 88
370	21.054		0.002 213 6	0.004 972 8	1 890.2	2 342.8	452.6	4.110 80	4.814 39
374.15	22.120		0.003 170 0	0.003 170 0	2 107.4	2 107.4	0.0	4.442 86	4.442 86

・この温度における状態は準安定な状態である。

付 3.2 圧力基準飽和蒸気表 〔小型蒸気表 (1980 SI), 日本機械学会より抜粋〕

圧力 P		飽和温度	比体積 [m³/kg]		比エンタルピー [kJ/kg]			比エントロピー [kJ/(kg・K)]	
[MPa]	[mmHg]	t [°C]	v'	v''	h'	h''	$r = h'' - h'$	s'	s''
0.001 0	7.5	6.983	0.001 000 07	129.209	29.335	2 514.4	2 485.0	0.106 04	8.976 67
0.003 0	22.5	24.100	0.001 002 66	45.667 3	101.003	2 545.6	2 444.6	0.354 36	8.578 48
0.005 0	37.5	32.90	0.001 005 23	28.194 4	137.772	2 561.6	2 423.8	0.476 26	8.395 96
0.007 5	56.3	40.32	0.001 007 93	19.239 1	168.771	2 574.9	2 406.2	0.576 33	8.252 33
0.010	75.0	45.83	0.001 010 23	14.674 6	191.832	2 584.8	2 392.9	0.649 25	8.151 08
0.015	112.5	54.00	0.001 014 04	10.022 8	225.973	2 599.2	2 373.2	0.754 92	8.009 33
0.020	150.0	60.09	0.001 017 19	7.649 77	251.453	2 609.9	2 358.4	0.832 07	7.909 43
0.025	187.5	64.99	0.001 019 91	6.204 47	271.990	2 618.3	2 346.4	0.893 24	7.832 30
0.030	225.0	69.12	0.001 022 32	5.229 30	289.302	2 625.4	2 336.1	0.944 11	7.769 53
0.035	262.5	72.71	0.001 024 51	4.525 71	304.330	2 631.5	2 327.2	0.987 77	7.716 61
0.040	300.0	75.89	0.001 026 51	3.993 42	317.650	2 636.9	2 319.2	1.026 10	7.670 89
0.045	337.5	78.74	0.001 028 36	3.576 25	329.640	2 641.7	2 312.0	1.060 29	7.630 65
0.050	375.0	81.35	0.001 030 09	3.240 22	340.564	2 646.0	2 305.4	1.091 21	7.594 72
0.060	450.0	85.95	0.001 033 26	2.731 75	359.925	2 653.6	2 293.6	1.145 44	7.532 70
0.070	525.0	89.96	0.001 036 12	2.364 73	376.768	2 660.1	2 283.3	1.192 05	7.480 40
0.080	600.0	93.51	0.001 038 74	2.086 96	391.722	2 665.8	2 274.0	1.233 01	7.435 19
0.090	675.1	96.71	0.001 041 16	1.869 19	405.207	2 670.9	2 265.6	1.269 60	7.395 38
0.100	750.1	99.63	0.001 043 42	1.693 73	417.510	2 675.4	2 257.9	1.302 71	7.359 82
0.101 325	760.0	100.00	0.001 043 71	1.673 00	419.064	2 676.0	2 256.9	1.306 87	7.355 38
0.110	825.1	102.32	0.001 045 54	1.549 24	428.843	2 679.6	2 250.8	1.332 97	7.327 69
0.120	900.1	104.81	0.001 047 55	1.428 13	439.362	2 683.4	2 244.1	1.360 87	7.298 39
0.130	975.1	107.13	0.001 049 47	1.325 09	449.188	2 687.0	2 237.8	1.386 76	7.271 46
0.140	1 050.1	109.32	0.001 051 29	1.236 33	458.417	2 690.3	2 231.9	1.410 93	7.246 55
0.150	1 125.1	111.37	0.001 053 03	1.159 04	467.125	2 693.4	2 226.2	1.433 61	7.223 37
0.160	1 200.1	113.32	0.001 054 71	1.091 11	475.375	2 696.2	2 220.9	1.454 98	7.201 69
0.170	1 275.1	115.17	0.001 056 32	1.030 93	483.217	2 699.0	2 215.7	1.475 20	7.181 34
0.180	1 350.1	116.93	0.001 057 88	0.977 227	490.696	2 701.5	2 210.8	1.494 39	7.162 17
0.190	1 425.1	118.62	0.001 059 38	0.928 999	497.846	2 704.0	2 206.1	1.512 65	7.144 03
0.200	1 500.1	120.23	0.001 060 84	0.885 441	504.700	2 706.3	2 201.6	1.530 08	7.126 83
0.225	1 687.6	123.99	0.001 064 31	0.792 972	520.704	2 711.6	2 190.9	1.570 50	7.087 34
0.250	1 875.1	127.43	0.001 067 55	0.718 439	535.343	2 716.4	2 181.0	1.607 14	7.052 02
0.275	2 062.7	130.60	0.001 070 60	0.657 043	548.858	2 720.7	2 171.9	1.640 68	7.020 07
0.3		133.54	0.001 073 50	0.605 562	561.429	2 724.7	2 163.2	1.671 64	6.990 90
0.4		143.62	0.001 083 87	0.462 224	604.670	2 737.6	2 133.0	1.776 40	6.894 33
0.5		151.84	0.001 092 84	0.374 676	640.115	2 747.5	2 107.4	1.860 36	6.819 19
0.6		158.84	0.001 100 86	0.315 474	670.422	2 755.5	2 085.0	1.930 83	6.757 54
0.7		164.96	0.001 108 19	0.272 676	697.061	2 762.0	2 064.9	1.991 81	6.705 18
0.8		170.41	0.001 114 98	0.240 257	720.935	2 767.5	2 046.5	2.045 72	6.659 60
1.0		179.88	0.001 127 37	0.194 293	762.605	2 776.2	2 013.6	2.138 17	6.582 81
1.2		187.96	0.001 138 58	0.163 200	798.430	2 782.7	1 984.3	2.216 06	6.519 36
1.4		195.04	0.001 148 93	0.140 721	830.073	2 787.8	1 957.7	2.283 66	6.465 09
1.6		201.37	0.001 158 64	0.123 686	858.561	2 791.7	1 933.2	2.343 61	6.417 53

付 3.2 （つづき）

圧力 P		飽和温度	比体積 $[m^3/kg]$		比エンタルピー $[kJ/kg]$			比エントロピー $[kJ/(kg·K)]$	
[MPa]	[mmHg]	$t[°C]$	v'	v''	h'	h''	$r=h''-h'$	s'	s''
1.8		207.11	0.001 167 83	0.110 317	884.573	2 794.8	1 910.3	2.397 62	6.375 07
2.0		212.37	0.001 176 61	0.099 536 1	908.588	2 797.2	1 888.6	2.446 86	6.336 65
2.2		217.24	0.001 185 04	0.090 651 6	930.953	2 799.1	1 868.1	2.492 21	6.301 48
2.4		221.78	0.001 193 20	0.083 199 4	951.929	2 800.4	1 848.5	2.534 30	6.268 99
2.6		226.04	0.001 201 11	0.076 856 0	971.719	2 801.4	1 829.6	2.573 64	6.238 74
2.8		230.05	0.001 208 81	0.071 388 7	990.484	2 802.0	1 811.5	2.610 60	6.210 41
3.0		233.84	0.001 216 34	0.066 626 1	1 008.35	2 802.3	1 793.9	2.645 50	6.183 72
4.0		250.33	0.001 252 06	0.049 749 3	1 087.40	2 800.3	1 712.9	2.796 52	6.068 51
5.0		263.91	0.001 285 82	0.039 428 5	1 154.47	2 794.2	1 639.7	2.920 60	5.973 49
6.0		275.55	0.001 318 68	0.032 437 8	1 213.69	2 785.0	1 571.3	3.027 30	5.890 79
7.0		285.79	0.001 351 32	0.027 373 3	1 267.41	2 773.5	1 506.0	3.121 89	5.816 16
8.0		294.97	0.001 384 24	0.023 525 3	1 317.10	2 759.9	1 442.8	3.207 62	5.747 10
9.0		303.31	0.001 417 86	0.020 495 3	1 363.73	2 744.6	1 380.9	3.286 66	5.682 01
10.0		310.96	0.001 452 56	0.018 041 3	1 408.04	2 727.7	1 319.7	3.360 55	5.619 80
11.0		318.05	0.001 488 72	0.016 006 2	1 450.57	2 709.3	1 258.7	3.430 42	5.559 53
12.0		324.65	0.001 526 76	0.014 283 0	1 491.77	2 689.2	1 197.4	3.497 18	5.500 22
13		330.83	0.001 567 19	0.012 797 0	1 532.01	2 667.0	1 135.0	3.561 57	5.440 80
15		342.13	0.001 657 91	0.010 340 2	1 611.01	2 615.0	1 004.0	3.685 85	5.317 82
17		352.26	0.001 769 6	0.008 371 0	1 691.7	2 551.6	859.9	3.810 70	5.185 47
19		361.43	0.001 926 0	0.006 677 5	1 778.7	2 470.6	692.0	3.942 88	5.033 16
21		369.78	0.002 201 5	0.005 023 4	1 886.2	2 347.6	461.3	4.104 83	4.822 30
22.12		374.15	0.003 170 0	0.003 170 0	2 107.4	2 107.4	0.0	4.442 86	4.442 86

付 3.3 圧縮水と過熱蒸気の表 〔小型蒸気表（1980 SI）日本機械学会より抜粋〕

圧力 [MPa] 飽和温度 [°C]		温度 [°C]											
		50	60	70	80	90	100	110	120	130	140	150	160	170
0.004 28.983	v	37.240	38.398	39.556	40.714	41.871	43.027	44.184	45.339	46.495	47.650	48.806	49.961	51.116
	h	2593.9	2612.7	2631.6	2650.4	2669.3	2688.3	2707.2	2726.2	2745.3	2764.4	2783.5	2802.7	2821.9
	s	8.6016	8.6589	8.7146	8.7688	8.8216	8.8730	8.9232	8.9721	9.0200	9.0668	9.1125	9.1573	9.2012
0.006 36.18	v	24.812	25.586	26.359	27.132	27.904	28.676	29.448	30.219	30.990	31.761	32.532	33.302	34.072
	h	2593.5	2612.4	2631.2	2650.1	2669.1	2688.0	2707.0	2726.0	2745.1	2764.2	2783.4	2802.6	2821.8
	s	8.4135	8.4709	8.5267	8.5810	8.6339	8.6854	8.7356	8.7846	8.8325	8.8793	8.9251	8.9700	9.0139
0.008 41.53	v	18.598	19.179	19.760	20.341	20.921	21.501	22.080	22.659	23.238	23.816	24.395	24.973	25.551
	h	2593.1	2612.0	2630.9	2649.8	2668.8	2687.8	2706.8	2725.8	2744.9	2764.1	2783.2	2802.4	2821.7
	s	8.2797	8.3372	8.3932	8.4476	8.5005	8.5521	8.6024	8.6514	8.6994	8.7463	8.7921	8.8370	8.8809
0.010 45.83	v	14.869	15.336	15.801	16.266	16.731	17.195	17.659	18.123	18.586	19.050	19.512	19.975	20.438
	h	2592.7	2611.6	2630.6	2649.6	2668.5	2687.5	2706.6	2725.6	2744.7	2763.9	2783.1	2802.3	2821.6
	s	8.1757	8.2334	8.2894	8.3439	8.3969	8.4486	8.4989	8.5481	8.5961	8.6430	8.6888	8.7337	8.7777
0.020 60.09	v	.0010121	.0010171	7.883	8.117	8.351	8.585	8.818	9.051	9.283	9.516	9.748	9.980	10.212
	h	209.3	251.1	2628.8	2648.0	2667.1	2686.3	2705.5	2724.6	2743.8	2763.1	2782.3	2801.6	2821.0
	s	0.7035	0.8310	7.9656	8.0206	8.0740	8.1261	8.1768	8.2262	8.2744	8.3215	8.3676	8.4127	8.4568
0.040 75.89	v	.0010121	.0010171	.0010228	4.042	4.161	4.279	4.397	4.515	4.632	4.749	4.866	4.982	5.099
	h	209.3	251.1	293.0	2644.9	2664.4	2683.8	2703.2	2722.6	2742.0	2761.4	2780.8	2800.3	2819.7
	s	0.7035	0.8310	0.9548	7.6937	7.7481	7.8009	7.8523	7.9023	7.9510	7.9985	8.0450	8.0903	8.1347
0.060 85.95	v	.0010121	.0010171	.0010228	.0010292	2.764	2.844	2.923	3.002	3.081	3.160	3.238	3.317	3.395
	h	209.3	251.1	293.0	334.9	2661.6	2681.3	2701.0	2720.6	2740.2	2759.8	2779.4	2798.9	2818.5
	s	0.7035	0.8310	0.9548	1.0752	7.5549	7.6085	7.6605	7.7111	7.7603	7.8083	7.8551	7.9008	7.9454
0.080 93.51	v	.0010121	.0010171	.0010228	.0010292	.0010361	2.126	2.186	2.246	2.306	2.365	2.425	2.484	2.542
	h	209.3	251.1	293.0	334.9	376.9	2678.8	2698.7	2718.6	2738.4	2758.1	2777.8	2797.5	2817.0
	s	0.7035	0.8310	0.9548	1.0752	1.1925	7.4703	7.5230	7.5742	7.6239	7.6723	7.7195	7.7655	7.8105
0.10 99.63	v	.0010121	.0010171	.0010228	.0010292	.0010361	1.696	1.744	1.793	1.841	1.889	1.936	1.984	2.031
	h	209.3	251.2	293.0	335.0	377.0	2676.2	2696.4	2716.5	2736.5	2756.4	2776.3	2796.2	2816.0
	s	0.7035	0.8309	0.9548	1.0752	1.1925	7.3618	7.4152	7.4670	7.5173	7.5662	7.6137	7.6601	7.7053
0.20 120.23	v	.0010120	.0010171	.0010228	.0010292	.0010361	.0010437	.0010518	0.910	0.9349	0.9595	0.9840	1.008
	h	209.4	251.2	293.1	335.0	377.0	419.1	461.4	503.7	2726.9	2747.8	2768.5	2789.1	2809.6
	s	0.7034	0.8309	0.9547	1.0752	1.1924	1.3068	1.4184	1.5276	7.1786	7.2298	7.2794	7.3275	7.3742
0.40 143.62	v	.0010119	.0010170	.0010227	.0010290	.0010360	.0010436	.0010517	.0010605	.0010699	.0010800	0.4707	0.4837	0.4965
	h	209.6	251.4	293.3	335.2	377.2	419.3	461.5	503.9	546.4	589.1	2752.0	2774.2	2796.5
	s	0.7033	0.8308	0.9546	1.0750	1.1923	1.3066	1.4183	1.5274	1.6342	1.7389	6.9285	6.9805	7.0305

単位 v：m³/kg, h：kJ/kg, s：kJ/(kg·K), ⌐の右側：過熱蒸気, 左側：圧縮水

付 3.3 （つづき1）

180	200	220	240	260	280	300	320	340	360	380	400	450	500		圧力 (MPa)
				温 度 [°C]											
52.270	54.580	56.889	59.197	61.506	63.814	66.122	68.430	70.738	73.046	75.354	77.662	83.432	89.201	v	0.004
2841.2	2879.9	2918.8	2958.0	2997.3	3036.9	3076.8	3116.8	3157.2	3197.7	3238.6	3279.7	3383.6	3489.2	h	
9.2443	9.3279	9.4084	9.4862	9.5615	9.6344	9.7051	9.7738	9.8407	9.9058	9.9693	10.0313	10.1802	10.3214	s	
34.843	36.383	37.922	39.462	41.001	42.540	44.079	45.618	47.157	48.696	50.235	51.773	55.620	59.467	v	0.006
2841.1	2879.8	2918.8	2957.9	2997.3	3036.9	3076.7	3116.8	3157.1	3197.7	3238.5	3279.6	3383.6	3489.2	h	
9.0569	9.1406	9.2212	9.2990	9.3742	9.4472	9.5179	9.5866	9.6535	9.7186	9.7821	9.8441	9.9930	10.1342	s	
26.129	27.284	28.439	29.594	30.749	31.903	33.058	34.212	35.367	36.521	37.675	38.829	41.714	44.599	v	0.008
2841.0	2879.7	2918.7	2957.8	2997.2	3036.8	3076.7	3116.8	3157.1	3197.7	3238.5	3279.6	3383.6	3489.1	h	
8.9240	9.0077	9.0883	9.1661	9.2414	9.3143	9.3851	9.4538	9.5207	9.5858	9.6493	9.7113	9.8602	10.0014	s	
20.900	21.825	22.750	23.674	24.598	25.521	26.445	27.369	28.292	29.216	30.139	31.062	33.371	35.679	v	0.010
2840.9	2879.6	2918.6	2957.8	2997.2	3036.8	3076.6	3116.7	3157.0	3197.6	3238.5	3279.6	3383.5	3489.1	h	
8.8208	8.9045	8.9852	9.0630	9.1383	9.2113	9.2820	9.3508	9.4177	9.4828	9.5463	9.6083	9.7572	9.8984	s	
10.444	10.907	11.370	11.832	12.295	12.757	13.219	13.681	14.143	14.605	15.067	15.529	16.684	17.838	v	0.020
2840.3	2879.2	2918.2	2957.4	2996.9	3036.5	3076.4	3116.5	3156.9	3197.5	3238.3	3279.4	3383.4	3489.0	h	
8.5000	8.5839	8.6647	8.7426	8.8180	8.8910	8.9618	9.0306	9.0975	9.1627	9.2262	9.2882	9.4372	9.5784	s	
5.215	5.448	5.680	5.912	6.144	6.375	6.606	6.838	7.069	7.300	7.531	7.762	8.340	8.918	v	0.040
2839.2	2878.2	2917.4	2956.7	2996.3	3036.0	3075.9	3116.1	3156.5	3197.1	3238.0	3279.1	3383.1	3488.8	h	
8.1782	8.2624	8.3435	8.4217	8.4973	8.5704	8.6413	8.7102	8.7772	8.8424	8.9060	8.9680	9.1170	9.2583	s	
3.473	3.628	3.783	3.938	4.093	4.248	4.402	4.557	4.711	4.865	5.019	5.174	5.559	5.944	v	0.060
2838.1	2877.3	2916.6	2956.0	2995.6	3035.4	3075.5	3115.7	3156.1	3196.7	3237.7	3278.8	3382.9	3488.6	h	
7.9891	8.0738	8.1552	8.2336	8.3093	8.3826	8.4536	8.5226	8.5896	8.6549	8.7185	8.7806	8.9296	9.0710	s	
2.601	2.718	2.835	2.952	3.068	3.184	3.300	3.416	3.532	3.648	3.763	3.879	4.168	4.457	v	0.080
2836.9	2876.3	2915.8	2955.3	2995.0	3034.9	3075.0	3115.2	3155.7	3196.4	3237.3	3278.5	3382.6	3488.4	h	
7.8547	7.9395	8.0212	8.0998	8.1757	8.2491	8.3202	8.3893	8.4564	8.5217	8.5854	8.6475	8.7965	8.9380	s	
2.078	2.172	2.266	2.359	2.453	2.546	2.639	2.732	2.824	2.917	3.010	3.102	3.334	3.565	v	0.10
2835.8	2875.4	2915.0	2954.6	2994.4	3034.4	3074.5	3114.8	3155.3	3196.0	3237.0	3278.2	3382.4	3488.1	h	
7.7495	7.8349	7.9169	7.9958	8.0719	8.1454	8.2166	8.2857	8.3529	8.4183	8.4820	8.5442	8.6934	8.8348	s	
1.032	1.080	1.128	1.175	1.222	1.269	1.316	1.363	1.410	1.456	1.503	1.549	1.665	1.781	v	0.20
2830.1	2870.5	2910.8	2951.1	2991.4	3031.7	3072.1	3112.6	3153.3	3194.2	3235.4	3276.7	3381.1	3487.0	h	
7.4196	7.5072	7.5907	7.6707	7.7477	7.8219	7.8937	7.9632	8.0307	8.0964	8.1603	8.2226	8.3722	8.5139	s	
0.5093	0.5343	0.5589	0.5831	0.6072	0.6311	0.6549	0.6785	0.7021	0.7256	0.7491	0.7725	0.8309	0.8892	v	0.40
2817.8	2860.4	2902.3	2943.9	2985.1	3026.2	3067.2	3108.3	3149.4	3190.6	3232.1	3273.6	3378.5	3484.9	h	
7.0788	7.1708	7.2576	7.3402	7.4190	7.4947	7.5675	7.6379	7.7061	7.7723	7.8367	7.8994	8.0497	8.1919	s	

付 3.3 （つづき2）

圧力 [MPa] 飽和温度 [℃]		温度 [℃]											
		180	190	200	210	220	230	240	250	260	270	280	290	300
0.6 158.84	v	0.3346	0.3434	0.3520	0.3606	0.3690	0.3774	0.3857	0.3939	0.4021	0.4102	0.4183	0.4264	0.4344
	h	2804.8	2827.5	2849.7	2871.7	2893.5	2915.0	2936.4	2957.6	2978.7	2999.7	3020.6	3041.4	3062.3
	s	6.8691	6.9185	6.9662	7.0121	7.0567	7.0999	7.1419	7.1829	7.2228	7.2618	7.3000	7.3374	7.3740
0.8 170.41	v	0.2471	0.2540	0.2608	0.2675	0.2740	0.2805	0.2869	0.2932	0.2995	0.3057	0.3119	0.3180	0.3241
	h	2791.1	2815.1	2838.6	2861.6	2884.2	2906.6	2928.6	2950.4	2972.0	2993.5	3014.9	3036.1	3057.3
	s	6.7122	6.7647	6.8148	6.8630	6.9094	6.9542	6.9976	7.0397	7.0806	7.1205	7.1595	7.1975	7.2348
1.0 179.88	v	0.1944	0.2002	0.2059	0.2115	0.2169	0.2223	0.2276	0.2327	0.2379	0.2430	0.2480	0.2530	0.2580
	h	2776.5	2802.0	2826.8	2851.0	2874.6	2897.8	2920.6	2943.0	2965.2	2987.2	3009.0	3030.6	3052.1
	s	6.5835	6.6394	6.6922	6.7427	6.7911	6.8377	6.8825	6.9259	6.9680	7.0088	7.0485	7.0873	7.1251
1.2 187.96	v	.0012 73	0.1642	0.1692	0.1741	0.1788	0.1834	0.1879	0.1924	0.1968	0.2011	0.2054	0.2096	0.2139
	h	763.2	2788.2	2814.4	2839.8	2864.5	2888.6	2912.2	2935.4	2958.2	2980.8	3003.0	3025.1	3046.9
	s	2.1390	6.5312	6.5872	6.6403	6.6909	6.7394	6.7858	6.8305	6.8738	6.9156	6.9562	6.9957	7.0342
1.4 195.04	v	.001 1272	.001 1414	0.1429	0.1473	0.1515	0.1556	0.1596	0.1635	0.1674	0.1712	0.1749	0.1787	0.1823
	h	763.3	807.6	2801.4	2828.2	2854.0	2879.1	2903.6	2927.6	2951.0	2974.1	2996.9	3019.4	3041.6
	s	2.1387	2.2354	6.4941	6.5500	6.6030	6.6534	6.7016	6.7477	6.7922	6.8351	6.8766	6.9169	6.9561
1.6 201.37	v	.001 1270	.001 1412	.001 1564	0.1271	0.1310	0.1347	0.1383	0.1419	0.1453	0.1487	0.1521	0.1554	0.1587
	h	763.4	807.7	852.4	2816.0	2843.1	2869.3	2894.7	2919.4	2943.6	2967.3	2990.6	3013.5	3036.2
	s	2.1385	2.2351	2.3306	6.4682	6.5237	6.5763	6.6263	6.6740	6.7198	6.7638	6.8063	6.8474	6.8873
1.8 207.11	v	.001 1268	.001 1410	.001 1562	0.1114	0.1150	0.1184	0.1217	0.1250	0.1282	0.1313	0.1343	0.1373	0.1402
	h	763.5	807.8	852.5	2803.3	2831.7	2859.1	2885.4	2911.0	2935.9	2960.3	2984.1	3007.6	3030.7
	s	2.1382	2.2348	2.3303	6.3926	6.4509	6.5058	6.5577	6.6071	6.6543	6.6995	6.7430	6.7850	6.8257
2.0 212.37	v	.001 1267	.001 1408	.001 1560	.001 1725	0.1021	0.1053	0.1084	0.1114	0.1144	0.1172	0.1200	0.1228	0.1255
	h	763.6	807.9	852.6	897.8	2819.9	2848.4	2875.9	2902.4	2928.1	2953.1	2977.5	3001.5	3025.0
	s	2.1379	2.2345	2.3300	2.4245	6.3829	6.4403	6.4943	6.5454	6.5941	6.6406	6.6852	6.7281	6.7696
3.0 233.84	v	.001 1258	.001 1399	.001 1550	.001 1714	.001 1891	.001 2084	0.06816	0.07055	0.07283	0.07501	0.07712	0.07917	0.08116
	h	764.1	808.3	853.0	898.1	943.9	990.3	2822.9	2854.8	2885.1	2914.1	2942.0	2968.9	2995.1
	s	2.1366	2.2330	2.3284	2.4228	2.5165	2.6098	6.2241	6.2857	6.3432	6.3975	6.4479	6.4962	6.5422
4.0 250.33	v	.001 1249	.001 1389	.001 1540	.001 1702	.001 1878	.001 2070	.001 2280	.001 2512	0.05172	0.05363	0.05544	0.05717	0.05883
	h	764.6	808.8	853.4	898.5	944.1	990.5	1037.7	1085.8	2835.6	2869.8	2902.0	2932.7	2962.0
	s	2.1352	2.2316	2.3268	2.4211	2.5147	2.6077	2.7006	2.7934	6.1353	6.1988	6.2576	6.3126	6.3642
5.0 263.91	v	.001 1241	.001 1380	.001 1530	.001 1691	.001 1866	.001 2056	.001 2264	.001 2494	.001 2750	0.04053	0.04222	0.04380	0.04530
	h	765.2	809.3	853.8	898.8	944.4	990.7	1037.8	1085.8	1134.9	2818.9	2856.9	2892.2	2925.5
	s	2.1339	2.2301	2.3253	2.4194	2.5129	2.6057	2.6984	2.7910	2.8840	6.0192	6.0886	6.1519	6.2105
6.0 275.55	v	.001 1232	.001 1371	.001 1519	.001 1680	.001 1853	.001 2042	.001 2249	.001 2476	.001 2729	.001 3013	0.03317	0.03472	0.03614
	h	765.7	809.7	854.2	899.2	944.7	990.9	1037.9	1085.7	1134.7	1185.1	2804.9	2846.7	2885.0
	s	2.1325	2.2287	2.3237	2.4178	2.5110	2.6038	2.6962	2.7886	2.8813	2.9748	5.9270	6.0017	6.0692
8.0 294.97	v	.001 1216	.001 1353	.001 1500	.001 1658	.001 1829	.001 2015	.001 2218	.001 2441	.001 2687	.001 2964	.001 3277	.001 3639	0.02426
	h	766.7	810.7	855.1	899.9	945.3	991.3	1038.1	1085.8	1134.5	1184.7	1236.0	1289.5	2786.8
	s	2.1299	2.2258	2.3206	2.4144	2.5075	2.5999	2.6917	2.7839	2.8761	2.9689	3.0629	3.1589	5.7942

単位 v：m³/kg, h：kJ/kg, s：kJ/(kg·K). ⌐の右側：過熱蒸気， 左側：圧縮水

付 3.3 （つづき3）

310	320	330	340	350	360	370	380	390	400	450	500	550	600		圧力 [MPa]
0.4424	0.4504	0.4583	0.4663	0.4742	0.4821	0.4900	0.4979	0.5057	0.5136	0.5528	0.5918	0.6308	0.6696	v	0.6
3083.1	3103.9	3124.6	3145.4	3166.2	3187.0	3207.9	3228.7	3249.6	3270.6	3376.0	3482.7	3590.9	3700.7	h	
7.4100	7.4454	7.4801	7.5143	7.5479	7.5810	7.6137	7.6459	7.6776	7.7090	7.8606	8.0027	8.1383	8.2678	s	
0.3302	0.3363	0.3423	0.3483	0.3543	0.3603	0.3663	0.3723	0.3782	0.3842	0.4137	0.4432	0.4725	0.5017	v	0.8
3078.3	3099.4	3120.4	3141.4	3162.4	3183.4	3204.4	3225.4	3246.4	3267.5	3373.4	3480.5	3589.0	3699.1	h	
7.2713	7.3070	7.3422	7.3767	7.4107	7.4411	7.4770	7.5094	7.5411	7.5729	7.7246	7.8678	8.0038	8.1336	s	
0.2629	0.2678	0.2727	0.2776	0.2824	0.2873	0.2921	0.2969	0.3017	0.3065	0.3303	0.3540	0.3775	0.4010	v	1.0
3073.5	3094.9	3116.1	3137.3	3158.5	3179.7	3200.9	3222.0	3243.2	3264.4	3370.8	3478.3	3587.1	3697.4	h	
7.1622	7.1984	7.2340	7.2689	7.3031	7.3368	7.3700	7.4027	7.4348	7.4665	7.6190	7.7627	7.8991	8.0292	s	
0.2180	0.2222	0.2263	0.2304	0.2345	0.2386	0.2426	0.2467	0.2507	0.2547	0.2747	0.2945	0.3142	0.3338	v	1.2
3068.7	3090.3	3111.8	3133.2	3154.6	3176.0	3197.3	3218.7	3240.0	3261.3	3368.2	3476.1	3585.2	3695.8	h	
7.0718	7.1085	7.1445	7.1798	7.2144	7.2481	7.2818	7.3147	7.3471	7.3790	7.5323	7.6765	7.8132	7.9436	s	
0.1860	0.1896	0.1931	0.1967	0.2002	0.2038	0.2073	0.2108	0.2143	0.2177	0.2349	0.2520	0.2690	0.2859	v	1.4
3063.7	3085.6	3107.4	3129.1	3150.7	3172.3	3193.8	3215.3	3236.7	3258.2	3365.6	3473.9	3583.3	3694.1	h	
6.9943	7.0315	7.0680	7.1036	7.1386	7.1729	7.2066	7.2398	7.2724	7.3045	7.4585	7.6032	7.7404	7.8710	s	
0.1619	0.1651	0.1683	0.1714	0.1745	0.1777	0.1808	0.1838	0.1869	0.1900	0.2051	0.2202	0.2351	0.2499	v	1.6
3058.6	3080.9	3102.9	3124.9	3146.7	3168.5	3190.2	3211.8	3233.4	3255.0	3363.0	3471.7	3581.4	3692.5	h	
6.9261	6.9639	7.0008	7.0369	7.0723	7.1069	7.1409	7.1743	7.2071	7.2394	7.3942	7.5395	7.6770	7.8080	s	
0.1432	0.1460	0.1489	0.1517	0.1546	0.1573	0.1601	0.1629	0.1656	0.1684	0.1820	0.1954	0.2087	0.2219	v	1.8
3053.5	3076.1	3098.4	3120.6	3142.7	3164.7	3186.6	3208.4	3230.1	3251.9	3360.4	3469.5	3579.5	3690.9	h	
6.8651	6.9035	6.9409	6.9774	7.0131	7.0481	7.0824	7.1160	7.1491	7.1816	7.3372	7.4830	7.6209	7.7522	s	
0.1282	0.1308	0.1334	0.1360	0.1386	0.1411	0.1436	0.1461	0.1486	0.1511	0.1634	0.1756	0.1876	0.1995	v	2.0
3048.2	3071.2	3093.8	3116.3	3138.6	3160.8	3182.9	3204.9	3226.8	3248.7	3357.8	3467.3	3577.6	3689.2	h	
6.8097	6.8487	6.8866	6.9235	6.9596	6.9950	7.0296	7.0635	7.0968	7.1295	7.2859	7.4323	7.5706	7.7022	s	
0.08310	0.08500	0.08687	0.08871	0.09053	0.09232	0.09409	0.09584	0.09758	0.09931	0.1078	0.1161	0.1243	0.1323	v	3.0
3020.5	3045.4	3069.9	3093.9	3117.5	3140.9	3164.1	3187.0	3209.8	3232.5	3344.6	3456.2	3568.1	3681.0	h	
6.5862	6.6285	6.6694	6.7088	6.7471	6.7844	6.8205	6.8561	6.8907	6.9246	7.0854	7.2345	7.3748	7.5079	s	
0.06044	0.06200	0.06351	0.06499	0.06645	0.06787	0.06927	0.07066	0.07202	0.07338	0.07996	0.08634	0.09260	0.09876	v	4.0
2990.2	3017.5	3044.0	3069.8	3095.1	3119.9	3144.3	3168.4	3192.1	3215.7	3331.2	3445.0	3558.6	3672.8	h	
6.4130	6.4593	6.5036	6.5461	6.5870	6.6265	6.6647	6.7019	6.7380	6.7733	6.9388	7.0909	7.2333	7.3680	s	
0.04673	0.04810	0.04942	0.05070	0.05194	0.05316	0.05435	0.05551	0.05666	0.05779	0.06325	0.06849	0.07360	0.07862	v	5.0
2957.0	2987.2	3016.1	3044.1	3071.2	3097.6	3123.4	3148.8	3173.7	3198.3	3317.5	3433.7	3549.0	3664.5	h	
6.2651	6.3163	6.3647	6.4106	6.4543	6.4961	6.5371	6.5762	6.6142	6.6508	6.8217	6.9770	7.1215	7.2578	s	
0.03748	0.03874	0.03995	0.04111	0.04222	0.04330	0.04436	0.04539	0.04639	0.04738	0.05210	0.05659	0.06094	0.06518	v	6.0
2920.7	2954.2	2986.1	3016.5	3045.8	3074.0	3101.5	3128.3	3154.4	3180.1	3303.5	3422.2	3539.3	3656.2	h	
6.1310	6.1880	6.2412	6.2913	6.3384	6.3836	6.4267	6.4680	6.5077	6.5462	6.7230	6.8818	7.0285	7.1664	s	
0.02560	0.02681	0.02792	0.02896	0.02995	0.03088	0.03178	0.03265	0.03349	0.03431	0.03814	0.04170	0.04510	0.04839	v	8.0
2835.2	2878.7	2918.4	2955.3	2989.9	3022.7	3054.0	3084.2	3113.3	3141.6	3274.3	3398.5	3519.7	3639.5	h	
5.8780	5.9519	6.0183	6.0790	6.1349	6.1872	6.2363	6.2828	6.3271	6.3694	6.5597	6.7262	6.8778	7.0191	s	

付 3.3 （つづき 4）

圧力 [MPa] 飽和温度 [℃]		温度 [℃]										
		260	280	300	320	340	360	380	400	420	430	440	450	460
10 310.96	v	.001 264 8	.001 322 1	.001 397 9	0.019 26	0.021 47	0.023 31	0.024 93	0.026 41	0.027 79	0.028 46	0.029 11	0.029 74	0.030 36
	h	1 134.2	1 235.0	1 343.4	2 783.5	2 883.4	2 964.8	3 035.7	3 099.9	3 159.7	3 188.3	3 216.2	3 243.6	3 270.5
	s	2.870 9	3.056 3	3.248 8	5.714 5	5.880 3	6.011 0	6.121 3	6.218 2	6.305 6	6.346 7	6.386 1	6.424 3	6.461 2
12 324.65	v	.001 260 9	.001 316 7	.001 389 5	.001 494 1	0.016 19	0.018 11	0.019 69	0.021 08	0.022 36	0.022 96	0.023 55	0.024 12	0.024 67
	h	1 134.1	1 234.1	1 341.2	1 460.9	2 794.7	2 898.1	2 982.0	3 054.8	3 120.7	3 151.8	3 182.0	3 211.4	3 240.0
	s	2.865 9	3.049 9	3.240 1	3.445 3	5.674 7	5.840 8	5.971 2	6.081 0	6.177 5	6.222 1	6.264 7	6.305 6	6.345 0
14 336.64	v	.001 257 2	.001 311 5	.001 381 7	.001 480 1	0.012 00	0.014 21	0.015 86	0.017 23	0.018 44	0.019 00	0.019 55	0.020 08	0.020 59
	h	1 134.0	1 233.3	1 339.2	1 456.4	2 675.7	2 818.1	2 921.4	3 005.6	3 079.0	3 113.0	3 145.8	3 177.4	3 208.1
	s	2.861 0	3.043 8	3.231 8	3.432 7	5.434 8	5.663 6	5.824 3	5.951 3	6.058 8	6.107 6	6.153 8	6.197 8	6.239 9
16 347.33	v	.001 253 5	.001 306 5	.001 374 3	.001 467 4	.001 617 6	0.011 04	0.012 87	0.014 27	0.015 46	0.016 01	0.016 53	0.017 03	0.017 51
	h	1 133.9	1 232.6	1 337.4	1 452.4	1 588.3	2 716.5	2 851.1	2 951.3	3 034.2	3 071.8	3 107.5	3 141.6	3 174.5
	s	2.856 1	3.037 7	3.223 8	3.421 0	3.646 2	5.463 4	5.672 9	5.824 0	5.945 5	5.999 3	6.049 7	6.097 2	6.142 5
18 356.96	v	.001 250 0	.001 301 8	.001 367 3	.001 455 8	.001 592 0	0.008 104	0.010 40	0.011 91	0.013 11	0.013 65	0.014 16	0.014 64	0.015 10
	h	1 133.9	1 231.9	1 335.7	1 448.8	1 579.7	2 569.1	2 766.6	2 890.3	2 985.8	3 027.6	3 066.8	3 104.0	3 139.4
	s	2.851 4	3.031 9	3.216 2	3.410 1	3.626 9	5.200 2	5.507 9	5.694 7	5.834 5	5.894 5	5.949 8	6.001 5	6.050 2
20 365.70	v	.001 246 6	.001 297 1	.001 360 6	.001 445 1	.001 570 4	.001 827	0.008 246	0.009 947	0.011 20	0.011 74	0.012 24	0.012 71	0.013 15
	h	1 134.0	1 231.4	1 334.3	1 445.6	1 572.4	1 742.9	2 660.2	2 820.5	2 932.9	2 980.2	3 023.7	3 064.3	3 102.6
	s	2.846 8	3.026 2	3.208 9	3.399 8	3.610 0	3.883 5	5.316 5	5.558 5	5.723 2	5.791 0	5.852 3	5.908 9	5.961 6
25 —	v	.001 238 4	.001 286 3	.001 345 3	.001 421 4	.001 527 3	.001 698	.002 240	.006 014	.007 580	.008 172	.008 696	.009 171	.009 609
	h	1 134.2	1 230.3	1 331.1	1 438.9	1 558.3	1 701.1	1 941.0	2 582.0	2 774.1	2 842.5	2 901.7	2 954.3	3 002.3
	s	2.835 7	3.012 6	3.191 6	3.376 4	3.574 3	3.803 6	4.175 7	5.145 5	5.427 1	5.525 2	5.608 7	5.682 1	5.747 9
30 —	v	.001 230 7	.001 276 3	.001 331 6	.001 401 2	.001 493 9	.001 628	.001 874	.002 831	.004 921	.005 643	.006 227	.006 735	.007 189
	h	1 134.7	1 229.7	1 328.7	1 433.6	1 547.7	1 678.0	1 837.7	2 161.8	2 558.0	2 668.8	2 754.0	2 825.6	2 887.7
	s	2.825 0	2.999 8	3.175 7	3.355 6	3.544 7	3.754 1	4.002 1	4.489 6	5.070 6	5.229 5	5.349 9	5.449 5	5.534 9
40 —	v	.001 216 6	.001 258 3	.001 307 7	.001 367 7	.001 443 4	.001 542	.001 682	.001 909	.002 371	.002 749	.003 200	.003 675	.004 137
	h	1 136.3	1 229.2	1 325.4	1 425.9	1 532.9	1 650.5	1 776.4	1 934.1	2 145.7	2 272.8	2 399.4	2 515.6	2 617.1
	s	2.805 0	2.976 1	3.146 9	3.319 3	3.496 5	3.685 6	3.881 4	4.119 0	4.428 5	4.610 5	4.789 3	4.951 1	5.090 6
50 —	v	.001 204 0	.001 242 6	.001 287 4	.001 340 6	.001 405 5	.001 486	.001 589	.001 729	.001 938	.002 084	.002 269	.002 492	.002 747
	h	1 138.5	1 229.8	1 323.7	1 421.0	1 523.0	1 633.9	1 746.8	1 877.7	2 026.6	2 110.1	2 199.7	2 293.2	2 387.2
	s	2.786 4	2.954 5	3.121 3	3.288 2	3.457 2	3.635 5	3.811 0	4.008 3	4.226 2	4.345 8	4.472 3	4.602 6	4.731 6
60 —	v	.001 192 4	.001 228 5	.001 269 8	.001 317 9	.001 375 1	.001 444	.001 528	.001 632	.001 771	.001 858	.001 962	.002 084	.002 226
	h	1 141.2	1 231.1	1 323.2	1 418.0	1 516.3	1 622.8	1 728.4	1 847.3	1 975.0	2 042.8	2 113.5	2 187.1	2 263.2
	s	2.769 0	2.934 5	3.098 1	3.260 6	3.423 6	3.594 8	3.758 9	3.938 3	4.125 2	4.222 2	4.321 1	4.424 6	4.529 1
80 —	v	.001 172 0	.001 204 1	.001 240 1	.001 280 9	.001 328 0	.001 383	.001 445	.001 518	.001 605	.001 655	.001 710	.001 772	.001 841
	h	1 147.8	1 235.4	1 324.7	1 415.7	1 508.6	1 609.7	1 707.0	1 814.2	1 924.1	1 980.7	2 036.6	2 094.1	2 152.5
	s	2.737 0	2.898 5	3.057 0	3.213 0	3.367 1	3.529 6	3.680 7	3.842 5	4.003 3	4.083 4	4.163 3	4.243 4	4.323 7
100 —	v	.001 154 3	.001 183 3	.001 215 5	.001 251 4	.001 292 1	.001 339	.001 390	.001 446	.001 511	.001 547	.001 587	.001 629	.001 675
	h	1 155.6	1 241.5	1 328.6	1 416.9	1 505.9	1 603.4	1 696.3	1 797.6	1 899.0	1 949.6	2 000.3	2 051.2	2 102.7
	s	2.708 1	2.866 3	3.021 0	3.172 3	3.320 0	3.476 7	3.621 1	3.773 8	3.922 3	3.994 8	4.066 4	4.137 3	4.207 9

単位　v：m³/kg，h：kJ/kg，s：kJ/(kg·K)．　⌐の右側：過熱蒸気，　左側：圧縮水

付 3.3 (つづき 5)

470	480	490	500	510	520	530	540	550	560	570	600	700	800		圧力[MPa]
温度 [℃]															
0.03098	0.03158	0.03217	0.03276	0.03334	0.03391	0.03448	0.03504	0.03560	0.03615	0.03670	0.03832	0.04355	0.04858	v	10
3297.0	3323.2	3349.0	3374.6	3400.0	3425.1	3450.2	3475.1	3499.8	3524.5	3549.2	3622.7	3866.8	4112.0	h	
6.4971	6.5321	6.5661	6.5994	6.6320	6.6640	6.6953	6.7261	6.7564	6.7863	6.8156	6.9013	7.1660	7.4058	s	
0.02522	0.02575	0.02627	0.02679	0.02729	0.02779	0.02829	0.02877	0.02926	0.02973	0.03021	0.03160	0.03607	0.04033	v	12
3268.1	3295.7	3322.9	3349.6	3376.1	3402.3	3428.2	3454.0	3479.6	3505.0	3530.3	3605.7	3854.3	4102.6	h	
6.3831	6.4199	6.4557	6.4906	6.5246	6.5578	6.5903	6.6222	6.6535	6.6842	6.7144	6.8022	7.0718	7.3147	s	
0.02108	0.02157	0.02204	0.02251	0.02297	0.02342	0.02386	0.02429	0.02472	0.02515	0.02557	0.02680	0.03072	0.03444	v	14
3237.9	3267.1	3295.7	3323.8	3351.5	3378.8	3405.7	3432.4	3458.8	3485.1	3511.1	3588.5	3841.7	4093.3	h	
6.2804	6.3194	6.3572	6.3937	6.4293	6.4639	6.4977	6.5307	6.5630	6.5946	6.6256	6.7159	6.9906	7.2366	s	
0.01797	0.01842	0.01886	0.01929	0.01971	0.02013	0.02053	0.02093	0.02132	0.02171	0.02209	0.02320	0.02672	0.03002	v	16
3206.4	3237.4	3267.6	3297.1	3326.1	3354.6	3382.7	3410.3	3437.7	3464.8	3491.6	3571.0	3829.1	4084.0	h	
6.1856	6.2270	6.2669	6.3054	6.3426	6.3787	6.4139	6.4481	6.4816	6.5143	6.5463	6.6389	6.9188	7.1681	s	
0.01554	0.01597	0.01638	0.01678	0.01718	0.01756	0.01794	0.01831	0.01867	0.01903	0.01938	0.02040	0.02360	0.02659	v	18
3173.5	3206.4	3238.4	3269.6	3300.0	3329.8	3359.0	3387.8	3416.1	3444.1	3471.8	3553.4	3816.5	4074.6	h	
6.0964	6.1405	6.1826	6.2232	6.2622	6.3000	6.3366	6.3722	6.4069	6.4407	6.4737	6.5688	6.8542	7.1067	s	
0.01358	0.01399	0.01439	0.01477	0.01514	0.01551	0.01586	0.01621	0.01655	0.01688	0.01721	0.01816	0.02111	0.02385	v	20
3139.2	3174.4	3208.3	3241.1	3273.1	3304.2	3334.7	3364.7	3394.1	3423.0	3451.6	3535.5	3803.8	4065.3	h	
6.0112	6.0581	6.1028	6.1456	6.1867	6.2264	6.2644	6.3015	6.3374	6.3724	6.4065	6.5043	6.7953	7.0511	s	
0.01002	0.01041	0.01078	0.01113	0.01147	0.01180	0.01211	0.01242	0.01272	0.01301	0.01330	0.01413	0.01663	0.01891	v	25
3046.7	3088.5	3128.1	3165.9	3202.3	3237.4	3271.5	3304.7	3337.0	3368.7	3399.7	3489.9	3771.9	4041.9	h	
5.8082	5.8640	5.9162	5.9655	6.0122	6.0568	6.0995	6.1405	6.1801	6.2183	6.2553	6.3604	6.6664	6.9306	s	
.007602	.007985	.008343	.008681	.009002	.009310	.009605	.009890	.010017	.010043	.010069	.01144	.01365	.01562	v	30
2943.3	2993.9	3040.9	3085.0	3126.7	3166.6	3204.8	3241.7	3277.4	3312.1	3345.9	3443.0	3739.7	4018.5	h	
5.6102	5.6779	5.7398	5.7972	5.8508	5.9014	5.9493	5.9949	6.0386	6.0805	6.1208	6.2340	6.5560	6.8288	s	
.004560	.004941	.005291	.005616	.005919	.006205	.006476	.006735	.006982	.007219	.007447	.008088	.009930	.01152	v	40
2704.4	2779.8	2846.5	2906.8	2962.2	3013.7	3062.1	3108.5	3151.6	3193.4	3233.6	3346.4	3674.8	3971.7	h	
5.2089	5.3097	5.3977	5.4762	5.5474	5.6128	5.6735	5.7302	5.7835	5.8340	5.8819	6.0135	6.3701	6.6606	s	
.003023	.003308	.003596	.003882	.004152	.004408	.004653	.004888	.005113	.005328	.005535	.006111	.007720	.009076	v	50
2478.4	2564.9	2646.6	2723.0	2791.8	2854.9	2913.6	2968.9	3021.1	3070.7	3118.0	3248.3	3610.2	3925.3	h	
4.8562	4.9709	5.0786	5.1782	5.2665	5.3466	5.4202	5.4886	5.5525	5.6124	5.6688	5.8207	6.2138	6.5222	s	
.002387	.002565	.002754	.002952	.003153	.003358	.003559	.003755	.003947	.004135	.004318	.004835	.006269	.007460	v	60
2340.9	2418.8	2495.7	2570.6	2642.7	2712.6	2777.4	2838.3	2896.2	2951.7	3004.8	3151.6	3547.0	3879.6	h	
4.6344	4.7385	4.8400	4.9374	5.0301	5.1189	5.2001	5.2755	5.3463	5.4132	5.4766	5.6477	6.0775	6.4031	s	
.001916	.001999	.002090	.002188	.002293	.002405	.002521	.002641	.002764	.002886	.003009	.003379	.004519	.005480	v	80
2212.1	2272.8	2334.3	2397.4	2460.7	2524.0	2586.7	2648.2	2708.0	2765.1	2820.5	2980.3	3428.7	3792.8	h	
4.4043	4.4855	4.5671	4.6488	4.7301	4.8104	4.8889	4.9650	5.0382	5.1072	5.1733	5.3595	5.8470	6.2034	s	
.001724	.001777	.001833	.001893	.001957	.002024	.002094	.002168	.002246	.002326	.002409	.002668	.003536	.004341	v	100
2154.8	2207.7	2261.5	2316.1	2371.4	2427.2	2483.0	2538.6	2593.8	2648.2	2701.8	2857.5	3324.4	3714.3	h	
4.2785	4.3492	4.4205	4.4913	4.5624	4.6331	4.7031	4.7719	4.8393	4.9050	4.9689	5.1505	5.6579	6.0397	s	

引用・参考文献

本書の執筆にあたって参考にした文献を以下に示す.
 1) 西脇仁一：熱機関工学，朝倉書店 (1976)
 2) 槌田昭，池田義雄，山崎慎一郎，秋山光庸：熱機関工学演習，学献社 (1983)
 3) 日本バーナ研究会編：燃焼装置の技術，日刊工業新聞社 (1996)
 4) 石谷清幹，赤川浩爾：蒸気工学，コロナ社 (1962)
 5) 甲藤好郎：工業技術者のための熱力学，養賢堂 (1985)
 6) 一色尚次，北山直方：新蒸気動力工学，森北出版 (1984)
 7) 斎藤孟，上松公彦，川口修，大聖泰弘，高村淑彦，望月貞成：熱機関演習，実教出版 (1985)
 8) 石谷清幹，浅野弥祐：新版 熱機関通論，コロナ社 (1978)
 9) 日本機械学会編：新版 機械工学便覧 B6 動力プラント，日本機械学会 (丸善) (1985)
10) 廣安博之，寶諸幸男，大山宜茂：改訂 内燃機関，コロナ社 (1999)
11) 五味努：内燃機関，朝倉書店 (1985)
12) 竹花有也：内燃機関工学入門，理工学社 (2001)
13) 喜多野晴一：内燃機関概論，日刊工業新聞社 (1972)
14) 古濱庄一：内燃機関，森北出版 (1978)
15) 小町弘：最新 内燃機関，太陽閣 (1980)
16) 渡邊彬，黒澤誠：新編機械工学講座 内燃機関，コロナ社 (1968)
17) 八田桂三，岡崎卓郎，熊谷清一郎：改著 熱機関概論，養賢堂 (1962)
18) 菅原菅雄：熱機関 (改訂版)，産業図書 (1956)
19) 日本機械学会編：新版 機械工学便覧 B7 内燃機関，日本機械学会 (丸善) (1985)
20) 齋輝夫：自動車工学入門，理工学社 (2005)
21) 川田正秋：内燃機関，共立出版 (1959)
22) 経済産業省 資源エネルギー庁：原子力 2005 (パンフレット)
23) 電気事業連合会：原子力・エネルギー図面集

# 演習問題解答

2章

【1】 燃焼とは,燃料中の炭素や水素の酸化反応により,熱を発生すること
燃焼するための条件:燃料(燃焼する物),酸素と,燃焼を持続させるための温度

【2】 燃焼ガス中の H_2O が水蒸気の状態にあるときの発熱量が低位発熱量,H_2O が凝縮して,水の状態にあるときの発熱量が高位発熱量

【3】 (1) 低位発熱量:$45.7\ MJ/kg_{fuel}$,高位発熱量:$48.8\ MJ/kg_{fuel}$
(2) 理論空気量:$14.6\ kg/kg_{fuel} = 11.3\ m^3_N/kg_{fuel}$
実際空気量:$17.5\ kg/kg_{fuel} = 13.6\ m^3_N/kg_{fuel}$
(3) 乾燥燃焼ガス量:$12.8\ m^3_N/kg_{fuel}$
$(CO_2) = 0.126 = 12.6\ \%$,$(O_2) = 0.037 = 3.7\ \%$

【4】 (1) 理論空気量:$14.8\ kg/kg_{fuel} = 11.4\ m^3_N/kg_{fuel}$
(2) 空気比 1.23,乾燥燃焼ガス量:$13.2\ m^3_N/kg_{fuel}$
(3) $(O_2) = 0.041\ 8 = 4.18\ \%$

【5】 空気比:1.065

【6】 LNG(CH_4) 1 kmol 中に C が 1 kmol と H が 2 kmol 含まれており,それが燃焼することにより CO_2 が 1 kmol 発生する。したがって CH_4 1 kmol の低位発熱量は化学量論式 (2.1),(2.2) より,$407.0 + 240.0 \times 2 = 887.0\ MJ$。一方,石炭(C) 1 kmol で 407.0 MJ 発熱し,CO_2 を 1 kmol 発生する。以上より同一発熱量当りの CO_2 の発生量の比は

(LNG の CO_2 発生量)/(石炭の CO_2 発生量) $= (1/887.0)/(1/407.0)$
$= 0.459$

である。すなわち LNG の CO_2 発生量は石炭の CO_2 発生量の約 46 % になる。
LPG(C_3H_8)についても同様に,LPG 1 kmol 当りの発熱量は,$407.0 \times 3 + 240.0 \times 4 = 2\ 181$〔MJ〕で 3 kmol の CO_2 を発生する。したがって,LPG と石炭の同一発熱量当りの CO_2 発生量の比は

$$\frac{3/2\ 181}{1/407} = 0.560$$

172　演習問題解答

である．すなわち LPG の CO_2 発生量は石炭の CO_2 発生量の 56 % になる．

【7】燃料として必要な条件は，発熱量大，燃焼性がよい（空気や酸素との混合が容易，燃焼しやすい），大気汚染物質の排出を抑制できる，二酸化炭素の排出が少ない，供給，貯蔵，運搬，取扱いが容易，安全性，経済性，など．
・気体燃料：LNG，LPG，石炭系のガス（石炭ガス，発生炉ガスなど）
・液体燃料：石油（揮発油，灯油，軽油，重油）
・固体燃料：石炭（無煙炭，瀝青炭，亜炭，褐炭，泥炭など），石炭を加工したもの（微粉炭，ガス化，液化など），木材，RDF など．
各燃料の特徴は，*2.2.1*～*2.2.3* 項を参照のこと．

3 章

【1】蒸発器で加える熱量：$Q_e = 5.04 \times 10^7$ kJ/h,
有効に利用できる熱量：$E_e = 1.86 \times 10^7$ kJ/h, $E_e/Q_e = 0.370$

【2】過熱器で加えられる熱量：$Q_s = 1.29 \times 10^7$ kJ/h
有効に利用できる熱量：$E_s = 6.61 \times 10^6$ kJ/h, $E_s/Q_s = 0.512$

【3】各点の番号は**図 *3.2*** に従う．

（1）各点の圧力（p），温度（T）
ボイラ圧力 10 MPa → $p_2 = p_{2'} = p_{3'} = 10$ MPa
（飽和）→ $T_{2'} = T_{3'} = 310.96$ °C
復水器温度 50 °C　→ $T_1 = T_{4'} = 50$ °C
（飽和）→ $p_1 = p_{4'} = 0.012\,335$ MPa
ポンプの仕事無視　→ $T_2 = T_1 = 50$ °C

（2）各点の比エンタルピーとタービン出口の乾き度
$h_1 = h_2 = 209.256$ kJ/kg（50 °C 飽和水）
$h_{2'} = 1\,408.04$ kJ/kg（10 MPa 飽和水）
$h_{3'} = 2\,727.7$ kJ/kg（10 MPa 飽和蒸気）
3′ → 4′ は等エントロピー変化だから 3′ と 4′ のエントロピーは等しい．
$s_{3'} = 5.619\,8$ kJ/(kg·K)（10 MPa 飽和蒸気）
点 4′ の乾き度を $x_{4'}$，点 4′（50 °C 飽和）の飽和水と飽和蒸気の比エントロピーを $s'_{4'}$, $s''_{4'}$ とすると
$s_{4'} = s'_{4'} + x_{4'}(s''_{4'} - s'_{4'}) = 0.703\,51 + x_{4'} \times 7.374\,06 = s_{3'} = 5.619\,8$
∴ $x_{4'} = (5.619\,8 - 0.703\,51)/7.374\,06 = 0.667$
点 4′ のエンタルピー $h_{4'}$ は 50 °C 飽和水のエンタルピーを $h'_{4'}$，蒸発潜熱を $r_{4'}$ とすると

$$h_{4'} = h'_{4'} + x_{4'} \times r_{4'} = 209.256 + 0.667 \times 2382.9$$
$$= 1798.65 \text{ [kJ/kg]}$$

(3) ボイラ蒸発器での水・蒸気1kg当りの加熱量 q_e は式（3.4）より
$$q_e = h_{3'} - h_2 = 2727.7 - 209.256 = 2518.4 \text{ [kJ/kg]}$$

(4) 水・蒸気1kg当りのタービンの仕事量 l_t は式（3.6）より
$$l_t = h_{3'} - h_{4'} = 2727.7 - 1798.65 = 929.05 \text{ [kJ/kg]}$$

(5) 水・蒸気1kg当りの復水器での放熱量 q_c は式（3.7）より
$$q_c = h_{4'} - h_1 = 1798.65 - 209.256 = 1589.4 \text{ [kJ/kg]}$$

(6) サイクルの理論熱効率は式（3.8）より
$$\eta_R = l_t / q_e = 929.05 / 2518.4 = 0.369 = 36.9 \text{ [\%]}$$

(7) 蒸発器で蒸気が得た比エクセルギー量は式（3.1）より
$$e_{3'} - e_2 = (h_{3'} - h_2) - T_0 (s_{3'} - s_2)$$
$$= 2518.4 - (50 + 273)(5.6198 - 0.70351)$$
$$= 930.4 \text{ [kJ/kg]}$$
$$(e_{3'} - e_e)/q_e = 930.4 / 2518.4 = 0.369$$

これは蒸発器で吸収した熱量のうちで有効に働く熱量の割合が36.9％であることを示している。

(8) 復水器で放出する比エクセルギー量は式（3.1），（3.2）より
$$e_{4'} - e_1 = e'_{4'} + x_{4'} \times (e''_{4'} - e'_{4'}) - e'_{4'} = x_{4'} \times (e''_{4'} - e'_{4'})$$
$$= x_{4'} \times (r_{4'} - T_0(s''_{4'} - s_0)) = 0$$

（環境温度を復水器温度にとっているから $T_0 = T_s$，$s_0 = s'_{4'}$ である。また一般に $s'' - s' = r/T_s$ であるから，$e_{4'} - e_1 = 0$ になる。）

　このようにランキンサイクルでは，エネルギーの放出はその大部分が復水器でなされるが，復水器の温度を環境温度まで下げると，復水器でのエクセルギーの放出すなわち有効なエネルギーの損失は0である。実際には蒸気の復水温度は環境温度よりも若干高くなるが，それでも復水器でのエクセルギーの放出はわずかである。すなわち復水器で放出するエネルギーは，エンタルピーとしては大量であっても，その大部分がすでに有効仕事に寄与しなくなったものであるといえる。

【4】(1) 過熱器出口蒸気（500℃，10 MPa）の
比エンタルピー $h_3 = 3374.6$ kJ/kg ⎫
比エントロピー $s_3 = 6.5994$ kJ/(kg・K) ⎭ ← 過熱蒸気表より

(2) 3→4は等エントロピー変化だから $s_4 = s_3$
$$s_4 = s'_4 + x_4 (s''_4 - s'_4) = 0.70351 + x_4 \times 7.37406 = s_3 = 6.5994$$

$$\therefore \quad x_4 = (6.5994 - 0.70351)/7.37406 = 0.800$$

過熱器をつけることにより，タービン出口蒸気の乾き度は 0.667 から 0.800 まで上昇する（湿り度が 0.333 から 0.200 に低下する）ことがわかる。

点 4 のエンタルピー h_4 は，50 ℃飽和水のエンタルピーを h'_4，蒸発潜熱を r_4 とすると

$$h_4 = h'_4 + x_4 \times r_4 = 209.256 + 0.800 \times 2382.9 = 2115.6 \text{ [kJ/kg]}$$

（3）過熱器での水・蒸気 1 kg 当りの加熱量（q_s）は式（3.5）より

$$q_s = h_3 - h_{3'} = 3374.6 - 2727.7 = 646.9 \text{ [kJ/kg]}$$

蒸発器での加熱量 q_r は問題【3】で求まっているので，ボイラでの加熱量は

$$q_e + q_s = 2518.4 + 646.9 = 3165.3 \text{ [kJ/kg]}$$

（4）水・蒸気 1 kg 当りのタービンでの仕事量 l_t は式（3.6）より

$$l_t = h_3 - h_4 = 3374.6 - 2115.6 = 1259.0 \text{ [kJ/kg]}$$

（5）サイクルの理論熱効率 η_R は式（3.8）より

$$\eta_R = l_t/(q_e + q_r) = 1259.0/3165.3 = 0.398 = 39.8 \text{ [\%]}$$

（6）過熱器で得た比エクセルギー量は環境温度 $T_0 = 50$ ℃だから

$$\begin{aligned} e_3 - e_{3'} &= (h_3 - h_{3'}) - T_0(s_3 - s_{3'}) \\ &= 646.9 - (50 + 273)(6.5994 - 5.6198) \\ &= 330.5 \text{ [kJ/kg]} \end{aligned}$$

過熱器で得た比エクセルギー量と加熱量の割合は

$$(e_3 - e_{3'})/q_s = 330.5/646.9 = 0.511 = 51.1 \text{ [\%]}$$

過熱器で吸収した熱量の内で有効に働く熱量の割合は 51.1 %で，蒸発器における割合より 14 %ほど高い。

【5】（1）3 → 4 は等エントロピー変化だから，問題【4】の（1）より

$$s_3 = s_4 = 6.5994 \text{ kJ/(kg·K)}$$

高圧タービン出口圧力 $p_4 = 2$ MPa だから，過熱蒸気表を用いて T_4，h_4 を求めると

$$T_4 = 262.0 \text{ ℃}, \quad h_4 = 2931.9 \text{ kJ/kg}$$

（2）再熱器出口（点 5）の圧力 $p_5 = 2$ MPa，蒸気温度 $T_5 = 450$ ℃だから過熱蒸気表より

$$h_5 = 3357.8 \text{ kJ/kg}, \quad s_5 = 7.2859 \text{ kJ/(kg·K)}$$

（3）低圧タービン入口（＝再熱器出口，点 5）と出口（＝復水器入口，点 6）は等エントロピー変化だから

$$s_6 = s'_6 + x_6 \times (s''_6 - s'_6) = 0.703\,51 + x_6 \times 7.374\,06$$
$$= s_5 = 7.285\,9 \,[\text{kJ}/(\text{kg}\cdot\text{K})]$$
$$\therefore \quad x_6 = (7.285\,9 - 0.703\,51)/7.374\,06 = 0.893$$

一段再熱をすることによりタービン出口の乾き度は 0.800 から 0.893 に上昇する（すなわち，湿り度が 0.200 から 0.107 に低下する）ことがわかる。

$$h_6 = h'_6 + x_6 \times r_6 = 209.256 + 0.893 \times 2\,382.9 = 2\,337.2 \,[\text{kJ/kg}]$$

（4） 水・蒸気 $1\,\text{kg}$ 当りの再熱器での加熱量（q_r）は
$$q_r = h_5 - h_4 = 3\,357.8 - 2\,931.9 = 425.9 \,[\text{kJ/kg}]$$
蒸発器と過熱器での加熱量は問題【4】より $q_e + q_s = 3\,165.3 \,[\text{kJ/kg}]$ だから，ボイラ全体の加熱量は $q_e + q_s + q_r = 3\,165.3 + 425.9 = 3\,591.2$ $[\text{kJ/kg}]$

（5） タービンでの仕事量（蒸気 $1\,\text{kg}$ 当り，l_t）は式（3.6）と式（3.13）より

高圧タービンでの仕事量 $l_{th} = h_3 - h_4 = 3\,374.6 - 2\,931.9 = 442.7 \,[\text{kJ/kg}]$
低圧タービンでの仕事量 $l_{tl} = h_5 - h_6 = 3\,357.8 - 2\,337.2 = 1\,020.6 \,[\text{kJ/kg}]$
タービンの全仕事量 $l_t = l_{th} + l_{tl} = 442.7 + 1\,020.6 = 1\,463.3 \,[\text{kJ/kg}]$

（6） 再熱サイクルの理論熱効率 η_{RH} は式（3.14）より
$$\eta_{RH} = l_t/(q_e + q_s + q_r) = 1\,463.3/3\,591.2 = 0.408 = 40.8 \,[\%]$$

（7） 再熱器で得た比エクセルギー量は環境温度 $T_0 = 50\,°\text{C}$ だから
$$e_5 - e_4 = (h_5 - h_4) - T_0\,(s_5 - s_4)$$
$$= 425.9 - (50+273)(7.285\,9 - 6.599\,4)$$
$$= 204.2 \,[\text{kJ/kg}]$$

再熱器で得た比エクセルギー量と加熱量の割合は
$$(e_5 - e_4)/q_r = 204.2/425.9 = 0.479 = 47.9 \,[\%]$$

再熱器で吸収した熱量の内で有効に働く熱量の割合は $47.9\,\%$ で，蒸発器における割合より $11\,\%$ ほど高く，過熱器における割合より $3\,\%$ ほど低い。

本問題で設定した蒸発器，過熱器，再熱器の最高温度はそれぞれ蒸発器が $310.96\,°\text{C}$（$10\,\text{MPa}$ 飽和），過熱器が $500\,°\text{C}$，再熱器が $450\,°\text{C}$ であり，吸収した熱量の内で有効に働く熱量の割合は，最高温度が高い順に高くなっている。

4 章

【1】 長所：取り出し蒸気量の変化に対する圧力の変化が緩やかで、燃焼量の制御が容易。
　　　短所：起動時間が長い、大容量には適さない。

【2】 水管ごとの加熱量の大小により、水管内の気泡の発生量に差異が生じ、各水管内の水の密度に差異が生じる。そのため水管群が上下方向に並んでいると、水の循環が生じる。

【3】 超臨界圧になると水と蒸気の区別がなくなり、蒸気ドラムが意味を持たなくなるから（水面ができないから）。

【4】 ボイラの排ガス温度を下げて、ボイラ効率を上げるため。

【5】 ① 蒸気と水を分離し、乾き飽和蒸気を取り出す。
　　　② 蒸気ドラム内の水面を制御することにより、給水量を制御する。

【6】 （1） 給水のエンタルピーはポンプ仕事を無視して 30 ℃ の飽和水の値とすると $h_1 = 125.7$ kJ/kg
　　　　　蒸気出口エンタルピー：$h_2 = 3\,499.8$ kJ/kg
　　　　　蒸発量：$W_b = 100$ 〔t/h〕$= 100 \times 10^3$ 〔kg/h〕
　　　　　以上の値を式（4.1）に代入すると
　　　　　換算蒸発量：$W_e = 100 \times 10^3 \times (3\,499.8 - 125.7)/2\,257$
　　　　　　　　　　　$= 149.5 \times 10^3$ 〔kg/h〕$= 149.5$ 〔t/h〕
　　　　　伝熱面熱負荷 H_e は式（4.2）より
　　　　　　$H_e = 100 \times 10^3 \times (3\,499.8 - 125.7)/1\,000$
　　　　　　　　$= 3.37 \times 10^5$ 〔kJ/(m²h)〕
　　　　　換算蒸発率 B_e は式（4.3）により
　　　　　　$B_e = 149.5 \times 10^3/1\,000 = 149.5$ 〔kg/(m²h)〕

　　　（2） 式（4.5）において
　　　　　　$Q_b = 100 \times 10^3 \times (3\,499.8 - 125.7) = 3.374 \times 10^8$ 〔kJ/h〕
　　　　　　$H_l = 40 \times 10^3 =$ kJ/kg, $\eta_b = 0.85$ であるから、燃料消費量 G_f は
　　　　　　$G_f = Q_b/(\eta_b H_l) = 3.374 \times 10^8/(0.85 \times 40 \times 10^3)$
　　　　　　　　$= 9.9 \times 10^3$ 〔kg/h〕

　　　（3） 燃焼室熱発生率 q_v は式（4.4-1）において、$G_f = 9.9 \times 10^3$ kg/h, $H_l = 40 \times 10^3$ kJ/kg, $Q_s = 1\,000$ kJ/kg, $V_c = 150$ m³ であるから
　　　　　　$q_v = 9.9 \times 10^3 \, (40 \times 10^3 + 1\,000)/150$
　　　　　　　　$= 2.7 \times 10^6$ 〔kJ/(m³h)〕$= 2\,700$ 〔MJ/(m³h)〕

【7】 式（4.8）より排ガス損失の割合は

$L_e/(G_fH_l) = (1-\eta_b) - (L_c+L_R)/(G_fH_l)$

ここで，$\eta_b = 0.85$，$L_c/(G_fH_l) = 0.02$，$L_R/(G_fH_l) = 0.03$ であるから

$\therefore\ L_e/(G_fH_l) = (1-0.85) - (0.02+0.03) = 0.10$（排ガス損失割合）

式（4.10）より $L_e/(G_fH_l) = V_g/(G_fH_l) \times (c_gt_g - c_0t_0) = 0.1$ である。ここで，$V_g/G_f = 14.2\ \mathrm{m^3_N/kg}$，$H_l = 44\ \mathrm{MJ/kg} = 44\times 10^3\ \mathrm{[kJ/kg]}$，$c_g = c_0 = 1.4\ \mathrm{kJ/(m^3_N\cdot K)}$，$t_0 = 20\ ^\circ\mathrm{C}$ であるから排ガス温度 t_g は

$t_g = 0.1 \times H_l/(V_g/G_f)/c_g + t_0 = 0.1\times 44\times 10^3/14.2/1.4 + 20$

$\quad = 241.3\ [^\circ\mathrm{C}]$

この条件で排ガス温度 t_g を 10 ℃下げて t_g=231.3 ℃にすると式（4.10）より排ガス損失割合は $L_e/(G_fH_l) = V_g/(G_fH_l) \times (c_gt_g - c_0t_0) = 0.0955$ であるから，排ガス温度 t_g を 10 ℃下げると，排ガス損失割合が 10 ％から 9.55 ％になる。すなわち，ボイラ効率は $(10-9.55)=0.45$ ％向上する。

5 章

【1】 図 **5.3** のように，静翼入口を A，静翼出口を B，動翼出口を C とすると，等エントロピー変化だから，A，B，C の各点は等エントロピー線上にある。圧力 $p_A = 1\ \mathrm{MPa}$，温度 $t_A = 250\ ^\circ\mathrm{C}$ における比エンタルピー h_A は $h_A = 2\,943\ \mathrm{kJ/kg}$，等エントロピー線上の圧力 $p_C = 0.40\ \mathrm{MPa}$ における比エンタルピー h_C は，$h_C = 2\,751\ \mathrm{kJ/kg}$ である。反動度 r は図 **5.3** の定義により

$$r = \frac{BC}{AC} = \frac{h_B - h_C}{h_A - h_C}$$

したがって静翼出口のエンタルピー h_B は

$h_B = h_C + r(h_A - h_C) = 2\,751 + 0.5\times(2\,943 - 2\,751) = 2\,847\ [\mathrm{kJ/kg}]$

h_B の値から，静翼出口の圧力 p_B を求めると，$p_B = 0.65\ \mathrm{MPa}$

【2】 動翼出入口の状態を，図 **5.1**，**5.2** に示すような速度三角形を書いて，図式に求める方法もあるが，ここでは式（5.3），（5.5），（5.6）を用いて計算する。

式（5.3）と式（5.5）より

$w_1 = \sqrt{c_1^2 + u^2 - 2uc_1\cos\alpha_1}$

$\quad = \sqrt{350^2 + 200^2 - 2\times 200\times 350\cos 20^\circ} = 175.9\ [\mathrm{m/s}]$

式（5.3）より

$\cos\beta_1 = (c_1\cos\alpha_1 - u)/w_1 = (350\cos 20^\circ - 200)/175.9 = 0.7327$

$\therefore\ \beta_1 = 42.9^\circ$

動翼の入口と出口で軸流速度が等しいので，式（5.5）より

$c_1 \sin \alpha_1 = w_2 \sin \beta_2$

$\therefore \quad w_2 = \dfrac{c_1 \sin \alpha_1}{\sin \beta_2} = \dfrac{350 \sin 20°}{\sin 25°} = 283.3 \,[\text{m/s}]$

また，$c_2 \sin \alpha_2 = c_1 \sin \alpha_1 = 350 \sin 20° = 119.7 \,[\text{m/s}]$

上式と式（5.3）より

$$c_2 = \sqrt{(w_2 \cos \beta_2 - u)^2 + (c_1 \sin \alpha_1)^2}$$
$$= \sqrt{(283.3 \cos 25° - 200)^2 + (119.7)^2} = 132.5 \,[\text{m/s}]$$

$\sin \alpha_2 = c_1 \sin \alpha_1 / c_2 = 119.7/132.5 = 0.903$

$\therefore \quad \alpha_2 = 64.6°$

蒸気 1 kg/s 当りの線図仕事 L_d は式（5.2）より

$$L_d = u(c_1 \cos \alpha_1 + c_2 \cos \alpha_2)$$
$$= 200 \times (350 \cos 20° + 132.5 \cos 64.6°)$$
$$= 7.71 \times 10^4 \,[\text{W/(kg/s)}] = 77.1 \,[\text{kW/(kg/s)}]$$

【3】（1）ノズル入口における圧力 $p_A = 4$ MPa，温度 $t_A = 450$ ℃の蒸気のエンタルピー $h_A = 3\,331$ kJ/kg，エントロピー $s_A = 6.94$ kJ/(kgK)，ノズル出口圧力 $p_B = 2.5$ MPa におけるエンタルピーは，等エントロピー変化を仮定すると $h_B = 3\,188$ kJ/kg になる．この場合の流出速度 c_t は式（5.12）より

$$c_t = \sqrt{2(h_A - h_B)} = \sqrt{2(3\,331 - 3\,188) \times 10^3} = 534.8 \,[\text{m/s}]$$

（エンタルピーは J/kg で計算すること）

（2）ノズルの速度係数 $\phi = 0.92$ のときの流出速度 c_1 は式（5.14）より

$$c_1 = \phi \times c_t = 0.92 \times 534.8 = 492.0 \,[\text{m/s}]$$

ノズル出口でのエンタルピー h_1 は式（5.11'）より

$$h_1 = h_A - c_1^2/2 = 3\,331 \times 10^3 - 492.0^2/2 = 3\,210 \times 10^3 \,[\text{J/kg}]$$
$$= 3\,210 \,[\text{kJ/kg}]$$

【4】（1）動翼入口と出口の角度が等しい単式衝動タービンの 1 kg/s 当りの線図仕事 L_d は式（5.8）において $c_1 = 800$ [m/s]，$\zeta = 0.35$，$\phi = 0.89$，$\cos \alpha_1 = \cos 20° = 0.940$，$\cos \beta_1 = \cos \beta_2$ であるから

$$L_d = 800^2 \times 0.35 \times (0.940 - 0.35)(1 + 0.89)$$
$$= 2.50 \times 10^5 \,[\text{W/(kg/s)}] = 250 \,[\text{kW/(kg/s)}]$$

したがって蒸気流量 13.5 kg/s の仕事量は $13.5 \times 250 = 3\,375$ [kW] = 3.375 [MW]

（2）線図効率 η_d は式（5.21）で表される．ノズル速度係数 $\phi = 0.96$ だから

$$\eta_d = 2 \times 0.96^2 \times (1+0.89) \times 0.35 \times (\cos 20° - 0.35) = 0.719$$

(3) 最大線図効率 η_{dmax} は式 (5.22) で表される。速度比 $\zeta = (\cos 20°)/2 = 0.470$ のとき

$$\eta_{dmax} = (1/2) \times 0.96^2 \times (1+0.89) \times \cos^2 20° = 0.769$$

【5】(1) 式 (5.3) と式 (5.5) より各値を計算する。
式 (5.5) より $c_f = c_1 \sin \alpha_1 = w_2 \sin \beta_2 = 210 \sin 25° = 88.75$ [m/s]
∴ $w_2 = 88.75/\sin 25° = 210$ [m/s]
式 (5.3) より $c_2 \cos \alpha_2 = w_2 \cos \beta_2 - u = 210 \cos 25° - 150 = 40.3$ [m/s], 式 (5.5) より $c_2 \sin \alpha_2 = 88.75$ [m/s], 以上より
$c_2 = 97.5$ m/s, $\alpha_2 = 65.6°$
同様に, 式 (5.3) より $w_1 \cos \beta_1 = c_1 \cos \alpha_1 - u = 210 \cos 25° - 150 = 40.3$ [m/s], 式 (5.5) より $w_1 \sin \beta_1 = 88.75$ m/s, 以上より
$w_1 = 97.5$ m/s, $\beta_1 = 65.6°$

(2) 式 (5.2) より $L_d = u(c_1 \cos \alpha_1 + c_2 \cos \alpha_2) = 3.46 \times 10^4$ [W/(kg/s)] $= 34.6$ [kW/(kg/s)]

$$h_1 - h_2 = L_d - (1/2)(c_1^2 - c_2^2)$$
$$= 3.46 \times 10^4 - (1/2)(210^2 - 97.5^2)$$
$$= 17.3 \times 10^3 \text{ [W/(kg/s)]}$$
$$= 17.3 \text{ [kW/(kg/s)]}$$
$$h_A - h_2 = L_d = 34.6 \text{ [kW/(kg/s)]}$$

したがって反動度 $r = (h_1 - h_2)/(h_A - h_2) = 17.3/34.6 = 0.5$

(3) 以上 (1), (2) より, 問題の段はパーソンスタービンの反動段で, この線図効率 η_d は式 (5.26) から計算できる。式 (5.26) において $\phi = 0.96$, $\zeta = u/c_1 = 150/210 = 0.714$, $\alpha_1 = 25°$ だから

$$\eta_d = 0.96^2 \times 0.714 \times (2 \cos 25° - 0.714) = 0.723$$

線図効率は式 (5.27) より, 速度比 $\zeta = \cos \alpha_1 = \cos 25° = 0.906$ のときに最大になる。

$$\eta_{dmax} = 0.96^2 \cos^2 25° = 0.757$$

【6】タービンの出力は 43 700 kW = 43.7 MW

【7】衝動段では動翼出入口の圧力が等しいのに対し, 反動段では動翼前後に圧力差ができる。したがって反動段で部分流入をすると, 動翼出口で円周方向に圧力差を生じ, その結果蒸気の回りこみが起こるため。

【8】蒸気の膨張は, 衝動段ではノズルだけで行われるのに対し, 反動段では動翼でも蒸気の膨張を分担する。一方, 大容量蒸気タービンの低圧部では蒸気の

体積流量が非常に大きくなる．そのため低圧部に衝動段を用いると，非常に大きな体積流量をノズルだけで処理しなければならず，ノズルが大きくなりすぎるため．

6 章

【1】 略

【2】 $\varepsilon = \dfrac{V_1 + V_2}{V_1} = \dfrac{1\,300 + 150}{150} = 9.67$

$\eta_{thO} = 1 - \dfrac{1}{\varepsilon^{k-1}} = 1 - \dfrac{1}{9.67^{1.4-1}} = 0.597$

【3】 式 (6.6) より圧縮比は $\varepsilon = \left(\dfrac{T_2}{T_1}\right)^{\frac{1}{\kappa-1}} = \left(\dfrac{740}{320}\right)^{\frac{1}{1.4-1}} = 8.13$

理論熱効率は $\eta_{thO} = 1 - \dfrac{1}{8.13^{1.4-1}} = 0.568$

また，$\dfrac{Q_1 \eta_{thO}}{60} = 8\,\text{kW}$ であるから

$Q_1 = \dfrac{8 \times 60}{\eta_{thO}} = \dfrac{8 \times 60}{0.568} = 845\,[\text{kJ/min}]$

【4】 $T_2 = T_1 \varepsilon^{\kappa-1} = 300 \times 8^{1.4-1} = 689\,\text{K}$，圧力は $1 \to 2$ が断熱変化であることより

$p_2 = p_1 \left(\dfrac{V_1}{V_2}\right)^{\kappa} = p_1 \varepsilon^{\kappa} = 101 \times 8^{1.4} = 1\,856\,[\text{kPa}]$

加熱後の温度は $T_3 = T_2 + \dfrac{q_1}{c_v} = 689 + \dfrac{1\,500}{0.716} = 2\,784\,[\text{K}]$

圧力は定容変化であるので温度に比例し，$p_3 = 1\,856 \times \dfrac{2\,784}{689} = 7\,499\,[\text{kPa}]$

また理論熱効率を式 (6.8) より求めると，$\eta_{thO} = 0.565$ であるから $q_2 = q_1(1 - \eta_{thO}) = 1\,500 \times (1 - 0.565) = 653\,[\text{kJ/kg}]$

【5】 式 (6.17) に $\varepsilon = 18$, $\kappa = 1.40$, $\sigma = 2.0$, $a = 1.8$ を代入して

$\eta_{thS} = 1 - \dfrac{1}{18^{1.4-1}} \dfrac{1.8 \times 2.0^{1.4} - 1}{(1.8 - 1) + 1.4 \times 1.8 \times (2.0 - 1)} = 0.645$

【6】 $T_2 = T_1 \varepsilon^{\kappa-1} = 323 \times 15^{1.4-1} = 954\,\text{K}$

$\sigma = \dfrac{T_3}{T_2} = \dfrac{1\,920}{954} = 2.01$

$q_1 = c_p(T_3 - T_2) = 1.005 \times (1\,920 - 954) = 971\,[\text{kJ/kg}]$

$L = q_1 \eta_{thD}$ であるから，η_{thD} を求めると

$\eta_{thD} = 1 - \dfrac{1}{15^{1.4-1}} \dfrac{2.01^{1.4} - 1}{1.4 \times (2.01 - 1)} = 0.603$

$$L = 971 \times 0.603 = 586 \ [\text{kJ/kg}]$$

【7】 図 **6.6** において $p_2 = p_3 = 5\,500$ 〔kPa〕
$(V_1/V_2)^\kappa = \varepsilon^\kappa = p_2/p_1 = 5\,500/100$ より圧縮比は $\varepsilon = 55^{1/1.4} = 17.5$
圧縮後の温度は $T_2 = T_1 \varepsilon^{\kappa-1} = 300 \times 17.5^{1.4-1} = 943$ 〔K〕
締切比は $\sigma = T_3/T_2 = 2\,100/943 = 2.23$
また，理論熱効率は式（6.11）にこれらの値を代入して

$$\eta_{thD} = 1 - \frac{1}{17.5^{1.4-1}} \frac{2.23^{1.4}-1}{1.4 \times (2.23-1)} = 0.617$$

7章

【1】 体積効率は式（7.1）より

$$\eta_v = \frac{2.3}{2\,000 \times 10^{-6} \times (3\,000/2)} = 0.767$$

【2】 充填効率は式（7.3）より

$$\eta_c = 0.78 \times \frac{100 \times 273}{101.3 \times (273+32)} = 0.689 \quad (32\,°\text{C},\ 100\,\text{kPa のとき})$$

$$\eta_c = 0.78 \times \frac{80 \times 273}{101.3 \times 273} = 0.616 \quad (0\,°\text{C},\ 80\,\text{kPa のとき})$$

【3】 総行程容積は

$$V_s = \frac{\pi}{4} \times 0.068^2 \times 0.070 \times 4 = 0.001\,017 \ [\text{m}^3]$$

吸入空気量は

$$m_a = \frac{0.001\,017 \times 0.83 \times (3\,000/2)}{60} \times 1.26 = 0.026\,6 \ [\text{kg/s}]$$

燃料消費量は

$$m_f = 0.026\,6/15.0 = 0.001\,77 \ [\text{kg/s}]$$

発熱量は

$$Q_f = 0.001\,77 \times 44\,000 = 77.88 \ [\text{kJ/s}]$$

出力は

$$N_e = 77.88 \times 0.23 = 17.9 \ [\text{kW}]$$

【4】【5】【6】【7】 略

8章

【1】【2】【3】 略

【4】 ピストンが往復運動していることが挙げられる。正負の加速度を繰り返してつけられ，質量を持ったピストンの往復運動の速さには限界がある。吸入弁

と排気弁も往復運動するので同様である。また，燃焼は瞬時に行われるのではなく，火炎が伝播する時間を要する。

【5】 着火遅れの間のクランク軸の回転角 θ_d は

$$\theta_d = \frac{4\,200}{60} \times 360 \times 0.000\,5 = 12.6\,[°]$$

着火から火炎がシリンダ壁に到達するまでの時間 t_f は

$$t_f = \frac{0.04}{20} = 0.002\,0\,[\mathrm{s}]$$

着火から上死点までのクランク軸の回転角は

$$\theta_f = 0.002\,0 \times \frac{1}{2} \times \frac{4\,200}{60} \times 360 = 25.2\,[°]$$

点火進角 θ は

$$\theta = 12.6 + 25.2 = 37.8\,[°]$$

【6】【7】 略

【8】 1シリンダ1サイクル当りの吸入空気量は

$$m_a = \frac{2\,000 \times 10^{-6}}{4} \times 0.85 \times 1.29 = 0.548 \times 10^{-3}\,[\mathrm{kg}] = 0.548\,[\mathrm{g}]$$

1シリンダ1サイクル当りガソリン噴射量は

$$m_f = \frac{0.548}{14.0} = 0.039\,1\,[\mathrm{g}]$$

9章

【1】 断熱圧縮前後の体積 V_1, V_2 として圧縮比 ε とする。

$p_1 V_1^\kappa = p_2 V_2^\kappa$ より

$$p_2 = p_1 \left(\frac{V_1}{V_2}\right)^\kappa = p_1 \varepsilon^\kappa = 100 \times 18^{1.4} = 5\,720\,[\mathrm{kPa}]$$

$T_1 V_1^{\kappa-1} = T_2 V_2^{\kappa-1}$ より

$$T_2 = T_1 \left(\frac{V_1}{V_2}\right)^{\kappa-1} = T_1 \varepsilon^{\kappa-1} = 293 \times 18^{1.4-1} = 931\,[\mathrm{K}] = 658\,[℃]$$

これは十分燃料が着火する温度である。

【2】 略

【3】 行程長さを l, シリンダ内径を d, 上死点とシリンダヘッド内壁の距離（平均）を l_c とすると，燃焼室の表面積は $S = 2 \times \frac{\pi}{4}d^2 + \pi d l_c$, 燃焼室体積は $V = \frac{\pi}{4}d^2 l_c$ である。したがって S/V は

$$\frac{S}{V} = \frac{2 \times \frac{\pi}{4}d^2 + \pi d l_c}{\frac{\pi}{4}d^2 l_c} = \frac{2}{l_c} + \frac{4}{d}$$

$$\varepsilon = \frac{\frac{\pi}{4}d^2 l}{\frac{\pi}{4}d^2 l_c} + 1 = \frac{l}{l_c} + 1$$

$$\frac{S}{V} = 2\frac{\varepsilon - 1}{l} + \frac{4}{d}$$

ε と d を変えずに S/V を小さくするには l を長くすることになる。

【4】 出力は機関の回転速度と平均有効圧力の積により決まるので,回転速度を上げる。このためには運動部分を軽くして,滑らかに運動させる。また,平均有効圧力を高くするため圧縮比を上げる。さらに,一定のシリンダ容積にできるだけ多くの空気を入れて,多くの燃料を燃やせばよい。このために過給機を用いて過給する。4サイクルでは燃焼改善として空気の吸入口を広くとり,流れの抵抗を少なくする。また,2サイクルでは掃気方法を改善する。

【5】【6】【7】【8】 略

【9】（1） ピストン燃焼室（ピストンのくぼみ）をやや深くして口径を小さくする。
　　（2） 燃焼室壁面への噴霧の衝突によって微粒化を促進して吸気時の旋回を利用して燃焼を改善する。
　　（3） 噴射ノズルの噴孔数や向き・口径を改善して,噴射圧を上げて霧化を良くするともに,噴射期間を短くする。
　　（4） エンジンの回転数や負荷の応じて噴射時期を最適化する。
　　（5） 火炎温度の低減策として過給エンジンをインタクーラ化する。
　　（6） EGR（排気ガス再循環）や,シリンダ内への水噴射システムを採用する。

【10】 略

10章

【1】 1時間当りの燃料消費量を G_f は

$$\frac{G_f}{3\,600} \times 43\,000 \times 0.28 = 6.5$$

$$G_f = \frac{6.5 \times 3\,600}{43\,000 \times 0.28} = 1.94 \ \text{[kg/h]}$$

【2】 理論熱効率は式（6.12）より,$\eta_{thD} = 0.632$
　　 図示熱効率は式（10.9）より,$\eta_i = 0.420$

184　　演 習 問 題 解 答

線図効率は $f = \dfrac{p_i}{p_{th}} = \dfrac{\eta_i}{\eta_{thD}} = \dfrac{0.420}{0.632} = 0.665$

正味熱効率は式（10.10）より $\eta_e = 0.293$

機械効率は $\eta_m = \dfrac{p_e}{p_i} = \dfrac{\eta_e}{\eta_i} = \dfrac{0.293}{0.420} = 0.698$

【3】（1）図示出力は式（10.2）および4シリンダであることより

$$N_i = p_i V_s \times \dfrac{n_e}{60} \times 4 = 611 \times 4\,000 \times 10^{-6} \times \dfrac{1\,000}{60} \times 4 = 163 \text{ (kW)}$$

（2）機械効率は式（10.7）より

$$\eta_m = \dfrac{124}{163} = 0.761$$

（3）正味平均有効圧力は式（10.7）より

$$p_e = \eta_m p_i = 0.761 \times 611 = 465 \text{ (kPa)}$$

【4】（1）出力軸のトルクは式（10.14）より

$$T = \dfrac{N_e}{\omega} = \dfrac{1\,150}{2\pi \times \dfrac{600}{60}} = 18.30 \text{ (kN·m)}$$

（2）正味平均有効圧力は式（10.6）より

$$p_e = \dfrac{1\,150/6}{\pi/4 \times 0.32^2 \times 0.38 \times 600/60} = 627 \text{ (kPa)}$$

（3）機械効率は式（10.7）より

$$\eta_m = \dfrac{p_e}{p_i} = \dfrac{627}{730} = 0.859$$

【5】（1）正味出力は式（10.10）より

$$N_e = \dfrac{H_l G_f}{3\,600} \times \eta_e = \dfrac{43\,000 \times 680/24}{3\,600} \times 0.34 = 115 \text{ (kW)}$$

（2）図示出力は式（10.7）より

$$N_i = \dfrac{N_e}{\eta_m} = \dfrac{115}{0.78} = 147 \text{ (kW)}$$

（3）理論熱効率は式（6.12）より

$$\eta_{thD} = 1 - \dfrac{1}{17^{1.4-1}} \dfrac{2^{1.4}-1}{1.4(2-1)} = 0.623$$

線図効率は

$$\eta_d = \dfrac{\eta_i}{\eta_{thD}} = \dfrac{\eta_e/\eta_m}{\eta_{thD}} = \dfrac{0.34/0.78}{0.623} = 0.700$$

（4）燃料消費率は式（10.11）より

$$b_e = \dfrac{680/24 \times 1\,000}{115} = 246 \text{ (g/(kW·h))}$$

【6】 気温 30 °C の飽和圧力は，温度基準飽和蒸気表（**付 3.1**）より 0.004 241 5 MPa = 4.241 5 kPa，相対湿度が 80 %であるので大気中の水蒸気分圧 p_w は
$$p_w = 4.241\,5 \times 0.8 = 3.39 \,[\mathrm{kPa}]$$
修正係数は式（*10.15*）より $k = 1.046$，修正軸出力は $N_0 = 71.7\,[\mathrm{kW}]$

【7】（1） 正味出力は式（*10.14*）より
$$N_e = 5.2 \times 9.8 \times 0.5 \times \frac{2\pi \times 2\,500}{60} = 6\,670 \,[\mathrm{W}] = 6.67 \,[\mathrm{kW}]$$

（2） 正味熱効率は式（*10.10*）より
$$\eta_e = \frac{6.67}{43\,000 \times 0.036/58} = 0.250$$

（3） 燃料消費率は式（*10.11*）より
$$b_e = \frac{(36/58) \times 3\,600}{6.67} = 335 \,[\mathrm{g/(kW \cdot h)}]$$

【8】 図の目盛を用いて図示仕事を求める。50 cc ごとの圧力を読んでサイクルの閉曲線が表す仕事を求めると，2 550 J になる。行程容積は 1200 cc であるから，図示平均有効圧力は式（*10.2*）より
$$p_1 = \frac{2\,550}{1\,200 \times 10^{-6}} = 2.13 \times 10^6 \,[\mathrm{Pa}] = 2.13 \,[\mathrm{MPa}]$$
図示出力は
$$N_i = 2\,550 \times \frac{800}{60} = 34\,000 \,[\mathrm{W}] = 34.0 \,[\mathrm{kW}]$$

11 章

【1】 単純ガスタービンサイクルを構成する 3 要素は，圧縮機，燃焼器，タービン。各機能については **11.1** 節のはじめの部分を参照

【2】（1） 圧縮機出口における，ガス温度 = 475 K，圧力 = 506.5 kPa
　　　　　圧縮に要する仕事 = 175 kJ/kg
（2） 燃焼器での吸収熱量 = 525 kJ/kg
（3） タービン出口における，温度 = 631.4 K，圧力 = 101.3 kPa
　　　　　放出熱量 = 331.4 kJ/kg，膨張仕事量 = 368.6 kJ/kg
（4） タービンの有効仕事 = 193.6 kJ/kg，効率 = 0.369 = 36.9 %

【3】 単純ガスタービンサイクルでは，圧力比が同じであれば，タービンの入口温度を上昇させても，排ガス温度も上昇するため，効率は変わらない。

【4】 再生サイクル，熱併給発電，複合発電

【5】（1） ガスタービンは作動流体が気体のガスサイクルだから，膨張仕事に対する圧縮仕事の割合が大きい。一方蒸気プラントは相変化を伴い，圧

縮部分が液体であるため，膨張仕事に対して圧縮仕事は無視できるほど小さい．したがってサイクルの効率を考える場合，ガスタービンでは圧縮機による圧縮過程とタービンによる膨張過程の両方が必要であるが，蒸気プラントの場合には蒸気タービンによる膨張過程のみを考えればよい．

(2) ガスタービンでは圧力と温度の組合わせが任意に選べるので，タービン入口の温度を圧力に無関係に高く設定できるが，蒸気プラントでは作動流体である蒸気の温度と圧力は飽和条件で束縛されるので，温度を上げると圧力も高くなる．

(3) 単純なガスタービンサイクルでは，ガスタービンの入口温度を上げると必然的に出口温度が上がるため，単純な高温化のみでは効率の上昇につながらず，効率向上のためには蒸気プラントとの複合化等のサイクル上の工夫が必要である．一方，蒸気プラントはタービン出口温度を環境温度近傍まで下げることができるため，タービン入口温度の高温化により効率が改善できる．ただし蒸気プラントの場合，蒸気タービン出口部で蒸気の湿り度が高すぎるとタービンの翼を侵食するので，この点の注意が必要である．

(4) ガスタービンは，その多くが開放サイクルであるため原理的に冷却水は必要でない．また内燃機関であるため加熱部の燃焼器も小形である．一方，蒸気プラントは密閉サイクルであり，復水器で蒸気を凝縮する必要があるため，多量の冷却水を必要とし，さらに外燃機関であるため加熱部には大形のボイラが必要である．

したがってガスタービンは小形・軽量であるのに対し蒸気プラントは大形で重量が大きくなる．

【6】(1) ガスタービンは燃焼が連続的に行われ，タービン翼などがガス温度の近くまで上がるため，ガスの最高温度が翼などの材料の耐熱温度により制限される．ガスの最高温度を上げるためには，翼の冷却やセラミックス等の耐熱材料を使用する等の工夫が必要である．現在ガスタービンの最高ガス温度は 1 450 °C程度である．

一方，往復式の内燃機関では燃焼が間歇的で，高温のガスと低温の空気が 1 サイクルに 1 回入れ替わることと，比較的冷却しやすい構造になっているため，ピストンやシリンダなどの構造材料の温度は十分低温に保ち得る．そのため往復式内燃機関の最高温度は 2 500 °C程度まで可能である．

(2) ガスタービンは流動が連続的に行われるため大流量のガスを処理することができ，一機当りの容量を大きくとれる。一方，往復式内燃機関は流動が間歇的に行われるため，大量のガスを処理することが困難で，一機当りの容量が小さい。

(3) ガスタービンは作動部が回転運動だけであるため，潤滑が簡単で，振動も少ない。一方，容積形内燃機関はピストン，連接棒やクランクなどの往復運動部や往復運動から回転運動への変換部があるため，潤滑に工夫を要し，またガスタービンに比べて振動も大きい。

(4) ガスタービンは回転数が高くできるのに対し，往復式内燃機関は回転数が往復部のピストンの速度などで制限されて，あまり大きくとれない。したがって重量当りの出力（比出力）はガスタービンのほうが大きくできる。

【7】 11.4 節を参照

12 章

【1】 1gのウランに含まれるウラン原子の個数を計算すると

$$\frac{1}{235} \times 6.02 \times 10^{23} = 2.56 \times 10^{21}$$

核反応式 $\;_{92}U^{235} + \;_0n^1 \to \;_{56}Ba^{141} + \;_{36}Kr^{92} + 3\;_0n^1$

から質量欠損を求めると，ウラン原子1個当り

$$\Delta m = (235.0439 + 1.0087) - (140.9139 + 91.8973 + 3 \times 1.0087)$$
$$= 0.2153 \text{[amu]} = 0.2153 \times 1.66 \times 10^{-27} = 3.573 \times 10^{-28} \text{[kg]}$$

したがって，発生するエネルギーは光速を 3.0×10^8 〔m/s〕とすると

$$E = mc^2 = 3.573 \times 10^{-28} \times (3.0 \times 10^8)^2 = 3.22 \times 10^{-11} \text{[J]}$$

ウランの核分裂による連鎖反応で発生するエネルギーは，ウラン1g（ウラン原子 2.56×10^{21} 個）当り

$$3.22 \times 10^{-11} \times 2.56 \times 10^{21} = 8.24 \times 10^{10} \text{[J]}$$

したがって，ウラン1g当りの発生エネルギーは石炭に換算すると

$$\frac{8.24 \times 10^{10}}{3.0 \times 10^7} = 2.7 \times 10^3 \text{[kg]}$$

【2】 略（原子力白書参照）

【3】【4】 略

【5】 α 線は紙で，β 線はアルミニウムなどの薄い金属板で，γ 線は鉛や厚い鉄板で，中性子線は水やコンクリートで遮蔽される。

索引

【あ】

亜炭	17
圧縮	1
圧縮過程	72
圧縮機	130
——の圧力比	136
圧縮行程	70
圧縮仕事	24
圧縮点火機関	71
圧縮比	70, 77
圧力上昇比	79
圧力比	136
圧力複式段	51
圧力噴霧バーナ	16
後燃え期間	111
アニュラ形	132
油焚きボイラ	34
亜臨界圧	43
アンチノック性	97

【い】

硫黄酸化物	12, 16
イグナイタ	101
移行部	43
異常燃焼	71
イソオクタン	97
一次コイル	101
一段再熱サイクル	29
一段抽気タービン	64
一酸化炭素	105, 117
引火点温度	15
インジケータ線図	126
インタクーラ	92

【う】

ウラン235	147
ウラン238	152
ウランの濃縮	154
運動量保存の法則	53

【え】

エアフローメータ	99
液化石油ガス	13
液化天然ガス	13
液体金属ナトリウム	149
液体燃料	13
エクセルギー	21
エクセルギー解析	141
エクセルギーフロー	143
煙管ボイラ	35
遠心圧縮機	130
遠心分離法	154
煙突	41

【お】

横断掃気	90
オクタン価	97
押し棒	85
オットーサイクル	76
温室効果ガス	13
温度	7

【か】

加圧水形原子炉	150
外気状態	83
回転式バーナ	16
回転翼	49
外筒	132
外燃機関	2
外部環境	21
外部環境温度	141
外部損失	61
火炎速度	95
火炎伝播距離	95
火炎伝播時間	95
火炎面	94
化学反応による エクセルギー損失	143
化学量論式	7
可逆ガスタービンサイクル	134
過給	91
過給機式	88
拡散燃焼	14
核燃料	148
核分裂	147
核分裂生成物	155
核分裂連鎖反応	147
加減弁	64
可採年数	17
下死点	69
ガス拡散法	154
ガス機関	72
ガス焚きボイラ	34
ガスタービン	3, 130
ガス冷却炉	150
化石燃料	34
過早点火	96, 102
ガソリン	15
ガソリン機関	72
カーチス段	51
褐炭	18
加熱	1
過熱器	22, 39
過熱蒸気	23

索引

加熱装置	4
可燃限界	94
可燃濃度	14
カ　ム	85
カム曲線	86
渦流室式	115
カルノーサイクル	21
乾き度	23
かん形	132
換算蒸発率	44
換算蒸発量	43
乾性ガス	13
完全燃焼	8
乾燥燃焼ガス量	11
貫流ボイラ	35, 39

【き】

機械駆動式過給機	92
機械効率	62, 122
機械損失	123
気化器	98
気水ドラム	37
気水分離器	42
気体燃料	13
揮発分	18
揮発油	15
キャニュラ形	132
吸気口	72
給気効率	89
給気比	89
吸収式冷凍機	137
給水加熱器	30
給水ポンプ	22
吸入行程	70
吸入弁	85
強制循環ボイラ	38
起歪筒	126

【く】

空気過剰率	10
空気室式	115
空気比	10
空気標準サイクル	75
空気噴霧バーナ	16
空気予熱器	40
空燃比	94
空冷式	74
くし形	66
管寄せ	41
クランク回転角	95
クランク室縮式	72
クランク室式	88
グランドシール	65
クロスコンパウンド	67

【け】

軽　水	149
軽水炉	150
軽　油	15
軽油機関	72
原子炉	147
減速材	148
原動機	4
原　油	15

【こ】

高圧化	27
高圧タービン	28
高位発熱量	8
高温化	27
航空機用ガスタービン	144
降水管	38
構造材料	150
高速増殖炉	152
高速中性子	148
高速ディーゼル機関	79
行程長さ	69
行程容積	69
高濃度スラリー	18
高炉ガス	13
黒　煙	117
黒鉛減速炉	150
コークス炉ガス	13
コージェネレーションシステム	137
固体燃料	13
固定炭素	18
ごみ焼却ボイラ	34
コルニッシュボイラ	35
混合式	30
混合粒子層	20
コンバインドサイクル発電	139

【さ】

サイクル	1
最高使用圧力	43
最高蒸気温度	43
最終再熱器	42
再処理	154
再生サイクル	30, 136
最大揚程	85
再熱器	28
再熱サイクル	28
作動流体	1
サバテサイクル	79
酸化反応	7
三元触媒	105

【し】

指圧線図	119
自家発電用ボイラ	34
事業用ボイラ	34
軸流圧縮機	130
軸流速度	54
軸流タービン	52, 132
自己清浄温度	103
磁石発電機式点火装置	101
自然循環ボイラ	38
湿性ガス	13
自発火	96
絞り弁	98
締切比	78
湿り度	24
遮蔽体	150
シャンク	133
重　水	149
重水炉	150
修正係数	126
充填効率	84
重　油	15
重油機関	72

索引

【し】

主燃焼室	115
シュラウド	64
循環ボイラ	35
蒸気機関	5, 49
蒸気サイクル	22
蒸気タービン	4, 22, 49
蒸気動力	21
蒸気ドラム	37
蒸気の運動エネルギー	51
蒸気噴射形複合発電	141
蒸気噴霧バーナ	16
上死点	69
使用済燃料	154
衝動タービン	52
衝動段	51
蒸発管	38
蒸発器	22
蒸発潜熱	43
蒸発熱	9
蒸発燃焼	16
蒸発率	44
正味出力	121
正味熱効率	122
正味燃料消費率	122
正味平均有効圧力	121
蒸留温度	15
シリンダ配置	74
シリンダヘッド	74
新気の慣性	87
真空	24
侵食	27
真発熱量	8

【す】

水管	37
水管ボイラ	35
水生ガス	13
水素ガス	14
推力	144
水冷式	74
スイングアーム	85
すきま容積	69
スキンケーシング構造	41
図示出力	120
図示熱効率	122
図示平均有効圧力	120
頭上弁形	104
頭上弁・側弁併用形	104
すす	17
——の微粒子	117
スタールタービン	52
ストーカ燃焼	19
スーパチャージャ	92

【せ】

制御燃焼期間	110
制御棒	149
正常燃焼	95
制動出力	125
静翼	49
——の速度係数	57
——の損失係数	57
石炭	17
——のガス化	18
石炭ガス	13
石炭焚きボイラ	34
石油	15
石油ガス	13
セタン価	116
絶対温度	21
節炭器	39
セラミックガスタービン	134
線図効率	58, 120
線図仕事	53
全断熱熱落差	58

【そ】

総括反応式	7
掃気	73, 88
掃気口	72, 88
掃気効率	89
総合的エネルギー効率	137
相対速度	53
総発熱量	8
速度形機関	3
速度三角形	53
速度線図	53
速度比	55
側弁形	104
損失動力	121

【た】

第一再熱器	42
大気汚染物質	12, 17, 117
体積効率	83
対流伝熱部	40
タイワイヤ	64
タービン	130
タービン効率	62
タペット	85
ターボジェットエンジン	145
ターボファンエンジン	145
段	49
炭化水素	105, 117
炭化度	18
炭酸ガス	13
単式衝動タービン	61
タンデムコンパウンド	66
断熱圧縮	22
断熱熱落差	51
単流掃気	91

【ち】

チェーン	87
地球温暖化	13
窒素酸化物	12, 17, 20, 105, 117
着火遅れ	95, 110
——の期間	110
着火温度	14, 18
抽気	30
抽気管	64
超希薄燃焼	11
調速機	112
超臨界圧ボイラ	39
超臨界圧力	27
直接噴射式	115
チョーク弁	98
直列形	75

索　　　引　　191

【て】

定圧加熱量	79
低圧タービン	28
低位発熱量	8, 122
ディストリビュータ	101
ディーゼル機関	71, 107
ディーゼルサイクル	78
ディーゼルノック	116
低速ディーゼル機関	78
泥　炭	18
定容加熱量	79
定容サイクル	76
デフレクタ	73, 90
点火コイル	101
点火時期	95
点火順序	103
点火進角	95
点火栓	132
点火プラグ	101
電気動力計	125
電子制御ユニット	99
電磁誘導	102
伝熱面	35
伝熱面積	36
伝熱面熱負荷	44
天然ウラン	148
天然ガス	13

【と】

胴	35
等エントロピー変化	51
等エントロピー膨張	23
動弁機構	84
灯　油	15
灯油機関	72
動　翼	49
——の周速	55
——の速度係数	55
動力計	124
動力計荷重	125
ドラバルタービン	51
ドラム	35
トルク	125

【な】

内　筒	132
内燃機関	2
内部効率	62
内部損失	61
ナフサ	15

【に】

二次コイル	101
二段再熱サイクル	29
ニードル弁	113

【ね】

熱解離	81
熱勘定	123
熱機関	1
熱効率改善	27
熱線式エアフローメータ	99
熱中性子	148
熱併給発電	137
熱併給発電システム	137
熱落差	49
燃　焼	7
——のエクセルギー損失	143
燃焼ガス	94
燃焼ガス量	11
燃焼器	130
燃焼効率	10, 47
燃焼室	40, 104, 115
燃焼室熱発生率	44
燃焼室負荷	44
燃焼生成物	8
燃焼速度	94
燃焼損失	46, 143
燃　料	7
燃料空気サイクル	80
燃料集合体	149
燃料消費率	122
燃料電池	14
燃料ノズル	132
燃料比	18
燃料噴射順序	103
燃料噴射装置	99, 112
燃料噴射ノズル	17
燃料噴射弁	113
燃料噴射量	99
燃料棒	148

【の】

濃縮ウラン	148
ノズル	49
ノック	96
ノック音	96
ノルマルヘプタン	97

【は】

背圧タービン	52
排ガス温度	47
排ガス損失	46
排気ガス再循環	105
排気口	72, 88
排気行程	70
排気損失	58, 123
排気タービン過給機	92
排気弁	85
ばいじん	12
配電器	101
排熱ボイラ	34, 137
舶用ボイラ	34
パーソンスタービン	52
歯付きベルト	87
発生炉ガス	13
バッテリー式点火装置	101
発電用ボイラ	34
発熱量	8
バーナ	16
羽　根	49
パワートランジスタ	101
反転掃気	91
反動タービン	52
反動段	51
反動度	51
反応熱	8

【ひ】

| 冷え形 | 103 |

比エクセルギー	21	弁通路面積	85	【や】	
比エンタルピー	21	弁のオーバラップ	88	焼け形	103
比エントロピー	21	【ほ】		【ゆ】	
火格子	19				
火格子燃焼	19	ボイラ	22, 34	有効効率	62
比重	15	ボイラ効率	40, 45	有効仕事	51, 62
比熱比	77	膨張	1	有効水素	9
火花点火機関	71	膨張過程	73	有効熱落差	51
微粉炭	18	膨張行程	70	ユニフロー掃気	91
微粉炭燃焼	18	放熱損失	46, 123	ユングストロームタービン	52
微粉炭バーナ	19	飽和蒸気	22		
標準状態	10	飽和蒸気サイクル	26	【よ】	
表面式	30	飽和水	22		
表面点火	96	飽和ランキンサイクル	26	容積形機関	3
表面燃焼	19	星形	75	翼幹	64
微粒化	16	ポリトロープ変化	81	予混合燃焼	14, 94
【ふ】		【ま】		予燃焼室式	115
フィードバック制御	105	マイクロガスタービン	134	【ら】	
不完全燃焼	8, 47	摩擦動力計	124	ラビリンスパッキン	65
複合燃焼サイクル	79	摩擦などによる損失	58	ラムジェットエンジン	145
複合発電	137, 139	丸ボイラ	34	ランカシャボイラ	35
復水器	22	【み】		ランキンサイクル	22
復水タービン	52	水循環	37	——の理論熱効率	25
副燃焼室	115	水動力計	125	【り】	
輻流タービン	52, 133	水ドラム	37	粒度	18
沸騰水形原子炉	150	密閉サイクル	4	流動層燃焼	18
プランジャポンプ	112	未燃ガス	94	理論空気量	9
プルトニウム	147	未燃損失	46	理論混合比	95
ブレイトンサイクル	134	【む】		理論熱効率	76, 122
ブレード	49	無煙炭	18	理論燃焼ガス量	11
ブローダウン	87	無効エネルギー	143	理論平均有効圧力	120
フロート室	98	無制御燃焼期間	110	理論流出速度	57
プロニブレーキ	124	【め】		臨界状態	148
ブローバイガス	105	銘柄	18	【れ】	
分解燃焼	16	メタン	13	冷却	1
噴射ポンプ	112	メンブレンウォール構造	41	冷却材	148
噴出速度	55	【も】		冷却装置	4
【へ】		木材	17	冷却損失	123
並列形	67	モータリング	121	冷却翼	133
弁開閉時期	87			瀝青炭	18
弁すきま	85				
ベンチュリ	98				

連続最大負荷	43		【ろ】		炉筒煙管ボイラ	35	
					炉筒ボイラ	35	
			炉筒	35			

A重油	15	OHC	87	2サイクルディーゼル機関		
B重油	15	RDF	19		108	
COM	18	SPI	100	4サイクル機関	70	
CWM	18	V形	75	4サイクルディーゼル機関		
C重油	15	α-メチルナフタレン	116		107	
DOHC	87	2サイクル機関	72	4ストロークサイクル機関		
MPI	100				70	

―― 著者略歴 ――

越智　敏明（おち　としあき）
- 1971 年　愛媛大学工学部機械工学科卒業
- 1973 年　大阪大学大学院工学研究科修士課程修了（機械工学専攻）
- 1979 年　大阪大学大学院工学研究科博士課程修了（機械工学専攻）
　　　　　工学博士（大阪大学）
- 1979 年　大阪府立工業高等専門学校講師
- 1980 年　大阪府立工業高等専門学校助教授
- 1992 年　大阪府立工業高等専門学校教授
- 2010 年　大阪府立工業高等専門学校名誉教授

吉本　隆光（よしもと　たかみつ）
- 1974 年　大阪大学工学部産業機械工学科卒業
- 1976 年　大阪大学大学院工学研究科博士前期課程修了（産業機械工学専攻）
- 1976 年　川崎重工業（株）
- 1988 年　大阪市立此花工業高等学校教諭
- 1996 年　大阪大学大学院工学研究科博士後期課程修了（産業機械工学専攻）
　　　　　博士（工学）（大阪大学）
- 1998 年　神戸市立工業高等専門学校助教授
- 1999 年　神戸市立工業高等専門学校教授
- 2005 年　技術士
- 2014 年　神戸市立工業高等専門学校特任教授
- 2015 年　神戸市立工業高等専門学校退職
- 2016 年　吉本技術士設計事務所代表
　　　　　現在に至る

老固　潔一（ろうこ　きよかず）
- 1963 年　大阪大学工学部機械工学科卒業
- 1965 年　大阪大学大学院工学研究科修士課程修了（機械工学専攻）
- 1965 年　川崎重工業（株）技術研究所
- 1980 年　工学博士（大阪大学）
- 1998 年　大阪工業大学短期大学部教授
- 2004 年　大阪工業大学短期大学部退官

熱機関工学
Heat Engine

© Ochi, Rouko, Yoshimoto 2006

2006 年 10 月 20 日　初版第 1 刷発行
2021 年 1 月 5 日　初版第 13 刷発行

検印省略

著　　者	越　智　敏　明
	老　固　潔　一
	吉　本　隆　光
発行者	株式会社　コロナ社
	代表者　牛来真也
印刷所	新日本印刷株式会社
製本所	有限会社　愛千製本所

112-0011　東京都文京区千石 4-46-10
発行所　株式会社　コロナ社
CORONA PUBLISHING CO., LTD.
Tokyo Japan
振替 00140-8-14844・電話(03)3941-3131(代)
ホームページ　https://www.coronasha.co.jp

ISBN 978-4-339-04470-6　C3353　Printed in Japan　（柏原）

〈出版者著作権管理機構　委託出版物〉
本書の無断複製は著作権法上での例外を除き禁じられています。複製される場合は，そのつど事前に，出版者著作権管理機構（電話 03-5244-5088，FAX 03-5244-5089，e-mail: info@jcopy.or.jp）の許諾を得てください。

本書のコピー，スキャン，デジタル化等の無断複製・転載は著作権法上での例外を除き禁じられています。購入者以外の第三者による本書の電子データ化及び電子書籍化は，いかなる場合も認めていません。
落丁・乱丁はお取替えいたします。

機械系 大学講義シリーズ

(各巻A5判，欠番は品切です)

■編集委員長　藤井澄二
■編集委員　臼井英治・大路清嗣・大橋秀雄・岡村弘之
　　　　　　黒崎晏夫・下郷太郎・田島清灝・得丸英勝

配本順			頁	本体
1.(21回)	材料力学	西谷弘信 著	190	2300円
3.(3回)	弾性学	阿部・関根 共著	174	2300円
5.(27回)	材料強度	大路・中井 共著	222	2800円
6.(6回)	機械材料学	須藤一 著	198	2500円
9.(17回)	コンピュータ機械工学	矢川・金山 共著	170	2000円
10.(5回)	機械力学	三輪・坂田 共著	210	2300円
11.(24回)	振動学	下郷・田島 共著	204	2500円
12.(26回)	改訂 機構学	安田仁彦 著	244	2800円
13.(18回)	流体力学の基礎(1)	中林・伊藤・鬼頭 共著	186	2200円
14.(19回)	流体力学の基礎(2)	中林・伊藤・鬼頭 共著	196	2300円
15.(16回)	流体機械の基礎	井上・鎌田 共著	232	2500円
17.(13回)	工業熱力学(1)	伊藤・山下 共著	240	2700円
18.(20回)	工業熱力学(2)	伊藤猛宏 著	302	3300円
20.(28回)	伝熱工学	黒崎・佐藤 共著	218	3000円
21.(14回)	蒸気原動機	谷口・工藤 共著	228	2700円
22.	原子力エネルギー工学	有冨・齊藤 共著		
23.(23回)	改訂 内燃機関	廣安・實諸・大山 共著	240	3000円
24.(11回)	溶融加工学	大・中・荒木 共著	268	3000円
25.(29回)	新版 工作機械工学	伊東・森脇 共著	254	2900円
27.(4回)	機械加工学	中島・鳴瀧 共著	242	2800円
28.(12回)	生産工学	岩田・中沢 共著	210	2500円
29.(10回)	制御工学	須田信英 著	268	2800円
30.	計測工学	山本・宮城・臼田・高辻・榊原 共著		
31.(22回)	システム工学	足立・酒井・高橋・飯國 共著	224	2700円

定価は本体価格+税です。
定価は変更されることがありますのでご了承下さい。

図書目録進呈◆

機械系教科書シリーズ

(各巻A5判，欠番は品切です)

■編集委員長　木本恭司
■幹　　　事　平井三友
■編集委員　青木　繁・阪部俊也・丸茂榮佑

配本順			著者	頁	本体
1.	(12回)	機械工学概論	木本恭司 編著	236	2800円
2.	(1回)	機械系の電気工学	深野あづさ 著	188	2400円
3.	(20回)	機械工作法 (増補)	平井三友・和田任弘・塚田弘久 共著	208	2500円
4.	(3回)	機械設計法	朝比奈奎一・黒田孝春・山口健二・古川正志・荒井誠・吉村克己 共著	264	3400円
5.	(4回)	システム工学	古川正志・荒井誠・吉村克己 共著	216	2700円
6.	(5回)	材料学	久保井徳洋・樫原恵蔵 共著	218	2600円
7.	(6回)	問題解決のための Cプログラミング	佐藤次男・中村理一郎 共著	218	2600円
8.	(32回)	計測工学 (改訂版) ―新SI対応―	前田良昭・木村一郎・押田至啓 共著	220	2700円
9.	(8回)	機械系の工業英語	牧野州秀・生水雅之 共著	210	2500円
10.	(10回)	機械系の電子回路	高橋晴雄・阪部俊也 共著	184	2300円
11.	(9回)	工業熱力学	丸茂榮佑・木本恭司 共著	254	3000円
12.	(11回)	数値計算法	藪忠司・伊藤惇 共著	170	2200円
13.	(13回)	熱エネルギー・環境保全の工学	井田民男・木本恭司・山﨑友紀 共著	240	2900円
15.	(15回)	流体の力学	坂本雅彦・坂田光雄 共著	208	2500円
16.	(16回)	精密加工学	田口紘一・明石剛二 共著	200	2400円
17.	(30回)	工業力学 (改訂版)	吉村靖夫・米内山誠 共著	240	2800円
18.	(31回)	機械力学 (増補)	青木繁 著	204	2400円
19.	(29回)	材料力学 (改訂版)	中島正貴 著	216	2700円
20.	(21回)	熱機関工学	越智敏明・吉田光一・老固隆也 共著	206	2600円
21.	(22回)	自動制御	阪部俊也・飯田賢一 共著	176	2300円
22.	(23回)	ロボット工学	早川恭弘・櫟弘明・矢野順彦 共著	208	2600円
23.	(24回)	機構学	重松洋一・大高敏男 共著	202	2600円
24.	(25回)	流体機械工学	小池勝 著	172	2300円
25.	(26回)	伝熱工学	丸茂榮佑・矢尾匡永・牧野州秀 共著	232	3000円
26.	(27回)	材料強度学	境田彰芳 編著	200	2600円
27.	(28回)	生産工学 ―ものづくりマネジメント工学―	本位田光重・皆川健多郎 共著	176	2300円
28.		CAD／CAM	望月達也 著	近刊	

定価は本体価格+税です。
定価は変更されることがありますのでご了承下さい。

◆図書目録進呈◆